U0079563

大樂文化

大樂文化

大樂文化

不捕魚了
我們養牛

從魚塘到牧場，整個世界的零售模式正在改變！

尹佳晨、關東華、鄭彤——編著

第1章

技術猛進、顧客成精，做生意要與時俱進

CONTENTS

第3章 商業巨頭各顯神通，爭奪新零售主導權 145

CONTENTS

第4章 從生產到服務，新零售模式展現真功夫

各界讚譽

經濟學讓時間稀缺的你追求最有效的供應，佳晨一身膽氣與智慧，追前沿之風，把世上最好贈給世間最愛，本書是共享經濟2.0的商業前哨與潮聲。

——趙曉（經濟學家）

擁抱新零售已經成為行業共識，但企業普遍感到無所適從。本書從商業規律出發，獨闢蹊徑揭示Ｓ２Ｂ的奧妙之處，相信一定會讓你開卷有益。

——李旭東（中信建投證券董事總經理）

本書可以讓創業者、思考者、轉型者逐漸深入學習這個新風潮的精華。特別是Ｓ２Ｂ關於企業賦能的思路和角度，佳晨都有獨到見解。

——張鈺（供應鏈與物流協會會長）

作者基於社群屬性、多年商業高級參謀經歷，洞悉電商新零售未來。有越來越多的精英看到S2B與社群新零售的力量，並使用這樣的力量感召他人，我稱這樣的人為旗手。

——劉文楨（社群電商平台全球時刻創辦人）

由衷欣賞作者對於商業趨勢的深刻洞察，並且很高興看到總結出的好書出版。多讀幾遍，或許你也會成為商業奇才。

——劉銳（赤懿資本創辦人）

商業環境正在發生微妙而革命性的變化，在行動互聯網經濟的下半場，S2B新零售將金戈鐵馬入夢來。

——郭平（中青創投創辦人）

前言

既有零售模式碰到瓶頸，什麼才是解藥？

文／尹佳晨

自二〇一七年以來，在中國，中小與微型企業的創業環境全面惡化。行銷缺少管道與流量，招商缺少團隊與經驗，籌措資金缺少模式與優勢。大多數人面臨：模式不會說話，商品不會說話，人更不會說話！如何在這個時代，用自己的方式發聲，借時代的風潮起飛？

有人說，電商！微商！社群！各種解藥一時甚囂塵上！你可能是傳統企業主，正在尋找企業轉型的下一個救生圈。你可能是電商從業者，面臨嚴重的流量成本危機，同行已經屍橫遍野，你也窮得叮噹響。你可能是微商或是從事代購，希望告別「不斷招募升級，持續囤貨發貨」的惡性循環，夢想自己的事業能規模化、陽光化甚至資本化。

你可能是社群群主或自媒體人，正發愁自己用時間和精力沉澱的流量要如何變現。你可能是投資人，正在尋找下一個價值巨大的機會。你可能已參與很多針對個人創業者的平台，卻因為資源耗盡而無能為力。你也可能是上班族，經歷長達四十年的職業生涯，卻看不到未來的成長之路在哪裡，而陷入瓶頸。

❖S2B將是未來五年取代電商的全新模式

再看以下的故事。中世紀早期，威爾斯與英格蘭最厲害的戰士是長弓手。後來火槍出現，初期的威力與穩定性都不如長弓，大部分的人都對火槍嗤之以鼻，但一些擁抱變化者認為火槍必然超過長弓。結局眾所周知。長弓難度係數高，導致作戰範圍狹窄，形成戰鬥力的週期較長。雖然火槍早期的穩定性與射程不如長弓，但是普通人經過訓練，一天就可以擁有戰鬥力。

更何況火槍每天都在進化，進化到足以改變歷史的進程。因此，無論是過去、現在還是將來，工具的變化一直推動著歷史的發展。

阿里巴巴集團的曾鳴表示：「S2B將是未來五年取代電商的全新模式。」**S2B模式的核心，就是供應鏈服務平台（S）提升小型、微型企業（小B）的獲利能力。**正如茫茫大海中，無處安身的戰鬥機即將燃油耗盡，無力戰鬥更無法返航，而現身的航空母艦為戰鬥機加油、保養、維修及裝彈，讓它們重新起飛。例如共享單車、共享充電，今天我們共同享用世界級的頂尖供應鏈。

從長弓手升級為火槍兵，一種更簡單、便捷的工具型態出現了。從小木筏升級為航空母艦，一種擁有強大後台的創業方式出現了。在優勢的供應鏈服務平台上，能力被提升，一起協同合作，重新喚醒社群的裂變力。

本書將探討，**S2B這股力量將如何改變我們的大消費領域，在各行各業發生一系列的深刻變化**，大消費領域向來是創業者的伊甸園，因為它攸關千家萬戶、國計民生。相對地，大消費領域也是創業者的亂葬崗，因為它極其多變、波濤暗湧，而且險象環生。

本書要感謝日本榮進商社的李征社長，正因為二〇一六年的日本供應鏈遊學，李社長帶領我和一行中國企業家，考察中日之間差異較大的「生物科技和抗衰老」領域的核心科技與供應鏈發展，才激起我改變了習慣多年的行銷與商業模式視角，而踏入供應鏈服務的深入研究之旅。

同時，感謝清華大學工業工程學院的張鈺老師，在供應鏈管理實務與教學研究方面的經驗，充實了S2B模式在S端的許多案例，並帶給我一片廣闊的發揮空間。還要感謝孫洪鶴老師在自媒體行銷方面的真知灼見，在無數次把酒論道中，他在自媒體尖端領域的實踐讓我看到，中小與微型企業的創業者在能力提升後，可以創造出的可能性。

此外，感謝吉林參愛集團的安百軍董事長，努力不懈地打造長白山供應鏈，為S2B視角下本土企業區域優勢供應鏈的創新與發展，提供真實且動態的實踐經驗。還要感謝趙曉老師《共享經濟2.0》的前瞻思想，為S2B理論的實踐與方法，經濟學原理上的指針與格局。

更要感謝我的妻子李鈺，沒有你和兩個孩子的支持與寬容，本書內容將無法呈現在廣大讀者眼前。

就業形式在改變，財富分配方式在改變，創業形式更在改變，共享經濟與分享理論正以前所未有的速度，改變經濟與創業者的生活方式。我們有理由相信，Ｓ２Ｂ的崛起將成為連接新經濟與傳統經濟的橋樑，並且在轉型升級的當下，成為人人都需要了解的思考方式與創業模式。

第 1 章

技術猛進、顧客成精，做生意要與時俱進

向傳統店家與電商模式說 ByeBye，新零售正在興起

二〇一八年是非凡的年份，因為中國經濟有個非常大的特點，就是「逢七必變」。

什麼是「逢七必變」？一九七七年，中國正式開啟浩瀚的改革開放進程；一九八七年海南省建省，拉開了中國房地產運動的序幕；一九九七年面對亞洲金融危機；二〇〇七年，美國次貸危機引發全球金融海嘯；到了二〇一七年，我相信我們面對的又是一個變革之年。在過去十五年的時間內，是什麼樣的總體經濟情勢讓S2B必定崛起？讓新零售必須要爆發呢？

其實，中國經濟的崛起是在全世界都找不到範例的特殊版本，中國有著全世

界最大的人口數量，中國經濟不像美國經濟，不像歐洲經濟，也不像日本經濟。

眾所周知，**中國經濟有三架馬車，分別是出口、內需及投資**，它們拉動了整個中國經濟的成長。從某種角度來看，世界經濟的十五年，其實就是中國經濟的十五年。世界經濟有兩個非常重要的切口，而這兩個切口都是透過中國經濟來呈現，分別是從二〇〇二年到二〇一一年，以及二〇一二年到二〇一七年，總共十五年。

為什麼這麼說呢？因為從二〇〇二年到二〇一一年這十年，中國的國內生產總值（Gross Domestic Product，GDP，又稱為「國內生產毛額」）以持續超過八％的速度飛速成長，走上快車道。然而，到了二〇一二年，經濟成長速度放緩，五年都跌到八％以下。簡單地說，中國經濟在這十五年大體上分為兩個階段：八％以上與八％以下。

❖四件事讓中國經濟飛速成長

二〇〇二年發生以下事情，拉開了中國經濟快速成長的序幕。

第一件事情是中國政府提出政策宣示，房地產經濟進入快速成長的週期。凡是做為經營用的土地，一律要進行招標、拍賣、掛牌交易，房地產市場突然成為賣方市場，因為土地是非常有限的資源，只有買了地才能夠建房或是銷售。於是，有段時間中國的房價一路高歌猛進，中國的GDP也被快速地拉動起來。

第二件事情是中國加入世界貿易組織（World Trade Organization，WTO），這意味著中國的經濟，已經快速地與世界經濟接軌融合，中國已經準備好把我們的產能向全世界輸出，意味著三架馬車當中的第一架馬車，也就是「出口」已經啟動。正因為房地產的高歌猛進、出口的發展，這兩架馬車的拉動讓我們看到，從二〇〇二年開始，中國的GDP）進入了八％以上的成長。

第三件事情是歐元的誕生，加速了世界經濟的一體化，世界經濟形勢「分久必合、合久必分」正在逐漸突顯，世界經濟開始逐漸一體化。

第四件事情是世界著名的零售公司、電子商務公司 eBay 開始進入中國。

因此，我們看到在二〇〇二年房地產投資的拉動下，在歐元誕生、世界經濟一體化的大環境當中，中國正式加入WTO，出口能力開始快速釋放，eBay 進入中國，內需開始逐漸啟動。二〇〇二年中國經濟確實迎來了最好的年份，因為投資、出口、內需這三架馬車，在一九七七年改革開放之後，面臨真正意義上的全方位完美啟動。因此，二〇〇二年拉開了中國經濟快速成長的序幕。

到了二〇〇三年，中國本土電子商務公司——阿里巴巴旗下的淘寶誕生了。大家都知道後來的故事：淘寶透過免費策略，將 eBay 一舉擊敗，且清出中國市場。淘寶的誕生不僅激發了中國電子商務的狂潮，同時塑造了具有中國特色的電商模式。

❖ eBay 在中國被淘寶擊敗

為什麼稱為具有中國特色的電商模式？因為淘寶和 eBay，一個是中國本土的，一個是漂洋過海來到中國。eBay 顯然不太了解中國的國情，而淘寶採用免費模式，把大量的供應商邀請到淘寶上開店鋪，淘寶真正推動的是幫助工廠降低成本。

所以有人說，淘寶最大的價值在於，可以幫助中國大量的產能，降低銷售過程中的交易成本，工廠降低成本，努力做到物美價廉，拉動了中國電商發展的新紀元。這就意味著，當二〇〇二年 eBay 進入中國之後，二〇〇三年淘寶誕生，開啟了中國電子商務的新篇章。

但是，隨著淘寶的誕生，其背後衍生出了一條又一條灰色的產業鏈，例如：商戶刷單、逃漏稅、販賣假冒與偽劣產品等問題，在中國屢禁不止。因此，淘寶的誕生雖然依靠免費模式擊敗 eBay，但帶來一種有中國特色的電商發展方式。

二〇〇三年之後，中國的房地產一路高歌猛進，電商快速發展，內需被快速拉動，對外出口也是節節攀升，然而這樣的情況卻沒有持續太長時間。一直到我們講的二〇〇七年「逢七必變」的時候，美國發生了嚴重的次貸危機，中國的房價也在持續五年的高速成長之後，終於出現了回落。

面對這樣的經濟形勢，二〇〇八年十一月，中國祭出了擴大內需、促進經濟快速平穩成長的十項措施，因為二〇〇七年美國的次貸危機在二〇〇八年發酵為全球金融海嘯，這意味著中國的出口和投資受到抑制，三架馬車中的兩架受到打擊，這時候就需要擴大內需。

中國最大的優勢是有十四億人口，有龐大的內需市場，內需永遠是強有力的保障，所以二〇〇八年十一月，中國推出的十項措施，最後變成著名的「四萬億計畫」。具體來說，國家拿出四萬億元投到民間，透過融資的方式，讓許多企業在二〇〇九年拿到銀行貸款，而這些銀行貸款讓很多企業在次貸危機中度過難關。

❖房價飆升導致產業基礎日益薄弱

可是，問題也來了。四萬億計畫讓本來已在二〇〇七年回落的房地產行情，在二〇〇九年開始反彈，房價開始飆升，因為製造業的利潤越來越微薄，很多企業在拿到錢之後不實際發展事業，而是把錢用於投資房地產，導致大量的企業轉型到房地產，讓製造業的利潤越來越低，產業基礎也越來越薄弱，連帶出口也受到影響。這時候，由於大量熱錢湧進房市，引發二〇〇九年中國房地產市場價格「報復式」的反彈。

在這樣的背景下，二〇一〇年和二〇一一這兩年，四萬億計畫的後遺症變得十分嚴重。到了二〇一一年，中國二〇〇二至二〇〇九年GDP持續多年的高速成長也停止了，接著進入緩慢成長的階段。

四萬億計畫的後遺症有哪些呢？首先，各個地區開始出現空城，例如大家熟知的鄂爾多斯，大量熱錢湧入鄂爾多斯房地產市場，但新樓竟沒有人居住；三、四線的城市絕大多數的建案都是空城。

這時候，政府主管機關開始擔心房地產會綁架中國經濟，於是在二〇一〇年一月推出史上最嚴格、最殘酷的房地產調控措施——「國十條」，而且房地產房產稅的徵稅試點改革也先後啟動。因此，四萬億計畫後遺症的出現帶來的一系列政策調控，開始影響中國經濟逐漸走出土地財政，實業也走向振興，促進中國內需市場朝向健康蓬勃的方向發展。

二〇一二至二〇一七年，中國進入經濟低速成長的五年，成長率開始爭七保六，也就是保住六%的成長，爭取七%的成長。這五年的成長核心就是六個字：「讓錢流動起來」，因為出口受到限制，內需又很難啟動，所以在這五年期間，中國經濟的主旋律可以概括為「金融」兩個字。究竟如何能透過金融來拉動內需？三架馬車（出口、內需、投資）當中，唯一可以指望的就是投資。

所以，金融是二〇一二到二〇一七年，造成中國整個金融市場波動的主要原因。怎麼讓錢流動起來呢？基本上只有透過金融的刺激，才有可能完成這一點。

當時，全社會的資金缺口是六萬億元，而國民手中總共擁有十六萬億元的存款，全社會還有四十五萬億元的非標準化債權資產（註：指未在銀行間市場、證券交易所市場交易的債權性資產）。在這樣的背景下，透過金融刺激，這些錢真正地流動起來，結果二〇一三年發生了什麼事？

❖互聯網金融普及為新零售給力

二〇一三年被稱為互聯網金融（The Internet Finance，又稱為「網路網際金融」、「網路網際金融」）的元年，大量的民間借貸、P2P如雨後春筍般快速啟動。

金融的核心是徵信，雖然國有銀行擁有最完善的信用體系資料庫，但是，這些主流銀行太過傳統與保守，不願意去做像P2P一樣的金融創新，而是保證金融體系的穩定，所以在這樣的狀態下，從二〇一三年到二〇一五年，只有民間企業在做互聯網金融，因此，民營企業當中湧現了大批的金融高手。因為房地產被調控，出口被遏制，所以我們只能透過金融手段，去啟動內需與創造投資。

也就是說，在這樣的狀態下，資料都存在於銀行體系當中，但銀行過於保守，導致只有民間企業在做互聯網金融，而民間企業只應用互聯網的金融思維，缺乏在金融體系中的深度營運能力和風險管理能力，以至於後來民間借貸和P2P市場全面崩盤。因此，二〇一四年民營企業的互聯網金融，即民間借貸，達到巔峰狀態，全年的民間借貸規模突破了五萬億元。

二〇一三年六月，餘額寶開始上線。二〇一三年十月，微信支付開始上線。二〇一四年三月，互聯網金融首次進入政府工作報告。二〇一四年十一月，中國第十八屆三中全會提出了發展普惠金融（註：Financial Inclusion，也稱為「包容性金融」，其核心是有效、全方位地為社會所有階層和群體提供金融服務，尤其是被傳統金融忽視的農村地區、城鄉貧困群體、微小企業等），鼓勵金融創新。

互聯網金融首次進入國家的決策層面，民間借貸進入巔峰狀態，各個互聯網公司紛紛參戰，包括阿里巴巴的餘額寶、騰訊的微信支付（註：騰訊科技是中國規模最大的互聯網公司，創立於一九九年十一月，總部在深圳）。

普惠金融帶來一個新局面：當人民們的投資管道開始逐漸多元化時，進入銀行的錢就減少，但傳統產業還沒有完成轉型升級，都在參與低層次的競爭，且資不抵債，很多的爛帳或壞賬只能由銀行來承擔。因此，後來出現兩件事情：

第一，允許民營銀行參與市場競爭。

第二，允許銀行破產。

在這樣的背景下，中國的金融改革終於緩緩揭開序幕。由於都是民間機構，以及互聯網機構中缺乏專業風險管理、深度經營金融體系能力的主體，參與金融改革，以至於二〇一五年民間借貸P2P崩盤，一片哀號遍野。

在中國的二、三線城市，大量的店面租不出去，在二〇一三年到二〇一四年中，很多店面和辦公室都租給P2P公司。因為錢沒有地方去，中國的證券市場不景氣，出口受到壓抑，房地產也受到調控，所以大量的熱錢湧入，導致中國的民間借貸P2P破產。

在這樣的狀態下，中國房地產低速成長，出口受到遏制，能源價格一路回落。由於缺乏完善的民間借貸信用系統，導致二〇一五年P2P崩盤，大規模的民間P2P借貸跑路之後，中國的金融改革重任還是落到銀行身上。

❖大量的剩餘產能，要靠內需和出口解決

二〇一五年十二月，銀行遠端開戶開始有條件地開放，這是金融改革重任重新回歸傳統銀行身上的風向標。因為民間借貸P2P付出了很大的金融創新代價，根據資料顯示，二〇一五年非法集資案件涉及中國三十一個省份、中國八七%以上的城市，甚至港澳地區都存在大規模的「互聯網金融跑路」案件（註：大量的

Ｐ２Ｐ平台停止業務、負責人跑路，讓投資人血本無歸，造成許多金融難民），導致中國的金融和出口都受到影響，三架馬車僅剩下一架：刺激內需。

在這樣的情況下，中國的兩大經濟引擎，也就是新零售和雄安新區開始出現（註：雄安新區是中國第十九個國家級新區，承擔重大發展和改革開放戰略任務的綜合功能區）。

由於中國必須依靠內需和出口來解決大量的剩餘產能，然而製造業存在一種低層次競爭，所以二〇一六年十二月中國推出了「供給側改革」。

供給側改革就是要改變中國製造業的低層次競爭局面，同時刺激兩條線：一條線是新零售，拉動中國內需；另一條線是一帶一路，中國的剩餘產能必須向國外輸出。因此，二〇一五年十二月二十五日，亞洲基礎設施投資銀行（Asian Infrastructure Investment Bank，ＡＩＩＢ，簡稱「亞投行」）正式成立，人民幣國際化也拉開序幕。

二〇一六年十月一日，人民幣正式加入特別提款權（Special Drawing Right，

SDR，是國際貨幣基金組織創設的一種儲備資產和記賬單位）的貨幣行列，世界上有一百零一個國家使用人民幣做為主要支付貨幣，人民幣成為全球五大主要結算貨幣之一。

二〇一七年二月，根據資料顯示，中國的外匯儲備餘額已經降到了兩萬九千九百八十二億美元，意味著中國正不斷地減持外匯、美元，減少對美元的依賴。在這樣的背景下，人民幣國際化拉動了中國經濟引擎。

所以，中國的三架馬車，也就是投資、內需、出口，在擔心被房地產綁架、出口受到抑制的狀態下，透過供給側改革、新零售、人民幣國際化等一系列的方式，最終鎖定拉動內需，以及一帶一路的國內剩餘產能輸出的經濟形式。

中國的經濟形勢從二〇〇二年 eBay 進入中國，以及二〇〇三年淘寶誕生，拉開中國電子商務的元年，到現在已經歷了整整十六年。中國的新零售告別傳統零售模式，也告別阿里巴巴、京東（註：京東商城為中國一家B2C模式的購物網站，之前稱為 360buy，二〇一四年，在美國納斯達克證券交易所上市）的傳統電商模式，必然邁向新紀元，而這個紀元在二〇一八年開始。

所以，我們說「逢七必變風雲現」，在總體經濟形式當中，經過一系列的選擇與嘗試，二〇一八年可以看到中國的新零售局面將全面開啟。

零售型態的背後，有技術與供應鏈在推動

零售是每個人在生活中都避不開的商業型態，我們通常會將做生意的人稱為「商人」，為什麼不將這些人稱為「秦人」呢？

因為在中國商代，人們的生活和技術開始有了發展，產生一些閒餘的物資，而這些閒餘物資需要交易，於是出現這樣做的一批人。人們稱他們為商人，並一直沿用到現在，所以從事交易、低買高賣的人被稱為商人。零售最早期也是從商代開始，之後春秋戰國時期出現大量的技術革新，為人們的生活方式和零售方式帶來改變。

在接下來的內容中，我們梳理歷史來了解零售的本質到底是什麼，以及零售

的歷史發展呈現什麼樣的特色。

首先，介紹春秋戰國時期的三個技術：

第一個是鐵器，農業生產中開始廣泛使用農具，大大提升農業耕種的效率。

第二個是畜力，大量的牛隻、馬匹被應用在農業生產上，推動了生產技術的進步。

第三個是興修水利，例如長江是中國的母親，人們一直以來都在積極地治理長江，水利建設在春秋戰國時期達到一個高度。

在這三個技術的推動下，中國的生產力達到一個高峰。生產力決定生產關係，因此**當社會中商品變得更加豐富時，有才能的人可以利用商品的波動、跨區域的供給落差來致富**。

例如，范蠡（陶朱公）一直從事「跨境貿易」。有些人可能認為這種說法有點誇張，但實際上一點也不，在戰國七雄中，不同國家有不同的產品，范蠡把不同國家的物產透過低買高賣的方式，運送到其他國家銷售，而積累大量的財富。范蠡幫助越王勾踐戰勝吳王夫差之後，認為勾踐是可以共患難、但不能同富貴的人，因此不願意繼續跟隨勾踐。最後，他與西施泛舟江上，在中國歷史上留下一段佳話。

此外，呂不韋是春秋戰國時期的傑出商人代表，「奇貨可居」這個詞就是從他而來。在《史記》中，呂不韋被記載為「往來販賤賣貴，家累千金」，這句話是指在各個國家之間進行物資交換與商品交易，最後累積千萬財富。

其實，呂不韋最感到得意的不是自己做生意的時候，而是在旅途上遇到一位流亡公子，並給了他一大筆錢。最後，這個公子當上皇帝，即秦始皇，還統一中國。呂不韋是一個成功從商人轉變到政客的角色，但在《呂氏春秋》中，呂不韋還是位商人，甚至連此書都是由門客代筆而成，因為他沒有什麼文化。

隨後中國經歷兩千年的農耕文化時期，也稱封建時代，一直到工業革命出現，才打破了這種零售模式。那麼，在封建時代的零售模式是什麼呢？

❖ 產業發展帶動零售樣態的進化

村裡有一位老太太，名叫路易士威登，她有一項專門縫製旅行皮包的好手藝。村裡的人都讚歎老太太的手藝，購買她製作的皮包，而老太太有一個夢想，就是把這些皮包賣到更多的地方。在整個封建時代，貨通天下成為夢想，為什麼？

其原因在於，那時候即使老太太多麼會縫製皮包，也不能實現量產，只能一個個慢慢去做。但是，到了工業時代就不一樣了。工業時代蒸汽革命的誕生，把整個社會從農耕時代帶入蒸汽時代。蒸汽時代帶來兩個非常重要的結果：第一是社會化的大生產；第二是社會化的大消費。

社會化的大生產是指，以前所有的分工都集中於家庭工坊，類似路易士威登的作法，自行製作產品，而蒸汽時代帶來社會化的分工與大量生產。根據資料顯示，人類有史以來創造的財富一直積累到工業革命之前，只占了人類物質財富的二％，而工業革命之後創造的財富則占了九八％。由此可知，工業時代是摧枯拉朽的一次巨大變革。

進入電氣時代，以前的機器生產轉變成標準化生產，標準化生產帶來社會零售的巨大變革。在之前的農耕時代，核心資產是土地農具，到了電氣時代就不一樣了。

由於生產可以變得更加標準化，社會分工更加細緻，因此資本（錢）成為社會發展的主要驅動力，這就是資本主義時代的到來。資本主義是追逐利益，因為生產和分工的標準化替代了大規模機器生產，讓資本的投資報酬率（Return On Investment，ROI）變得可預期、可控制。

這時候，**資本的力量開始湧入社會，推動著金錢向更高效率的組織與公司前進，讓金錢進入更高效率的個人、更高效率的商品、更高效率的市場，**所以電氣時代的到來才真正引發零售業的巨大變革。那麼，到底有哪些變革呢？

首先是一些技術的出現，一八六九年太平洋鐵路正式在美國完成接軌，形成美國經濟的東西大動脈，這意味著美國在版圖上的東西大貫通。一八八四年，零售郵購出現，這個郵購概念就是後來人們知道的郵購分類，由理查・西爾斯（Richard Sears）建立，而他後來還創辦西爾斯公司（註：曾是美國及世界最大的零售業者，在一八八六年開始推動郵購業務，一九二五年啟動百貨商店的經營）。

一九〇〇年，理查・西爾斯成為全美零售業的銷售冠軍。二〇〇五年，西爾斯公司被併入凱馬特公司，成為美國第三大零售集團。許多人可能想像不到，一八六九年，當美國東西鐵路大貫通時，西爾斯已經開始從事零售生意。

這個零售生意非常簡單，因為東西鐵路沿途路會經過很多村莊和鄉鎮，所以如果人們有購物需求，就會收到一張分類目錄，只要在目錄中勾選所需要的商品，就會有火車把顧客需要的商品和物品依序送上，人們只需要支付即可。這就是郵購消費的誕生，這種商業型態得益於美國東西鐵路的貫穿。

❖汽車的普及，帶動零售模式的改變

一九〇八年發生了一件重大事情，那就是汽車的普及，第一台福特Ｔ型車開始量產。究竟，汽車的普及與零售，又有什麼關係呢？

只有在汽車普及之後，人們才有可能去更遠的地方，這時候雜貨店誕生了。但是，想開設一家雜貨店是非常難的事，因為一家雜貨店裡一般都得有一兩百個庫存量單位（Stock Keeping Unit，ＳＫＵ），但是這些ＳＫＵ從哪裡來呢？

當然來自各個不同的地方，貨物透過汽車被運輸到雜貨店裡。到了一九一九年，克雷倫斯・桑德斯（Clarence Saunders）在美國孟菲斯，開設人類歷史上第一家綜合性雜貨店「滾地小豬」（註：Piggly Wiggly，又稱為小豬商店，至今仍有六百家店，遍布於美國十七個州，是現今超市的前身）。

一九三〇年，全球第一家連鎖商店「金庫倫聯合商店」（King Kullen）出現，也就是全球第一家超市（註：由麥可・庫倫〔MichaelCullen〕開設，是自助式銷售的起源）。那時候，正好是美國大蕭條時期，大蕭條時期有二〇%的人民失業，大家的購買力處於下降狀態，所以金庫倫聯合商店採用自助的方式讓每個人來購買，因此催生了綜合性雜貨店的出現。

後來，又有兩個技術出現。第一個是電冰箱（一九一四年），製冷功能讓人們敢多購買一些食品，因為可以保存食品不容易腐爛；第二個則是公路網路的建構（一九一八年），城市的公路交通逐漸完備之後，帶來一系列的零售業態，例如：郊區的大型超市。正是因為有了健全的交通網，才可以在郊區比較便宜的邊緣地帶，設立大型超市。因此，電冰箱和公路網路的誕生催生了整個大型超市的出現。

❖超市與信用卡出現，加速購物便利性

一九五〇年，第一家特價商店沃爾瑪（Wal-Mart）誕生，這是沃爾頓（Sam Walton）在他的家鄉成立的第一家超市。到了一九六二年，沃爾頓在家鄉之外的地方建立沃爾瑪超市。同時，家樂福於一九六三年開始在法國起步，也就是說，浩浩蕩蕩的技術和科技的進步，帶動了零售業一步步的轉型與發展。

一九五二年，世界上第一張由銀行發行的信用卡出現，這是由美國加州弗萊克林國民銀行首發的。可是，信用卡能推動新零售的誕生嗎？

答案是肯定的，因為人類史上第一張真正意義上的信用卡不是來自銀行，而是來自一些百貨商店。一九一五年，信用卡由一些餐飲、娛樂，以及加油站等行業發行，所以信用卡從誕生時，就與零售業有非常密切的關係。

到了一九五二年，信用卡才開始由真正的銀行機構發行。中國的第一張信用卡，是一九八五年由中國銀行珠海分行發行的中銀卡，所以中國的信用卡使用的

時間比較晚。

那麼，信用卡的技術催生了什麼呢？**信用卡的技術催生了綜合性購物中心的出現，我們知道綜合性購物中心不僅可以購買東西，還包括很多服務、消費及體驗**。世界上第一個綜合性的購物中心誕生於一九三〇年，到了一九六〇年代之後，信用卡開始普及，進入蓬勃的發展期，美國的周邊派生出大量的購物中心。一直發展到一九八五至一九八九年，即一九九〇年代初期，互聯網的興起才催生電商的出現。

電商是因為互聯網的興起才出現虛擬空間，而虛擬空間即虛擬購物車，與一八六九年美國東西鐵路大貫通的郵購極為相似，只不過是從紙面上的勾選，變成在虛擬購物車當中的勾選。在此同時，航空運輸、鐵路運輸、公路運輸都變得異常發達，所以電商在二十世紀末到二十一世紀初出現了蓬勃發展的勁頭。

二〇〇九年行動互聯網誕生，產生什麼樣的新零售模式呢？

這讓電商也行動化。我們把二〇一〇年稱為行動互聯網元年，為什麼呢？

因為這一年3G牌照開始正式開放，意味著3G技術開始廣泛應用在行動終端，行動終端的出現及3G技術的開放，行動電商開始逐漸萌芽，一直發展到二〇一三年4G牌照開放。我們現在來看二〇一三年發生了什麼事情。

首先，發生了大量的P2P民間借貸。另外，二〇一三年六月支付寶開始上線，二〇一三年十二月微信支付開始上線，所以從終端到資訊科技，從牌照再到全民意識普及，推動了行動電商及社交電商、網紅電商、VR電商等一系列全新的新零售的出現。

❖技術與供應鏈體系，推動新零售型態出現

從中國最早時期商人開始進行交易，到春秋戰國時期，呂不韋開始往來販賤賣貴，家累千金；發展到農耕時代貨通天下的夢想；到工業時代的社會化大量生產和大量消費；再到電氣化時代資本入場，標準化生產的出現，以及美國東西鐵

路大貫通所帶來的郵購。

接著，發展到汽車普及帶來的雜貨店，以及公路網路電冰箱的誕生帶來的郊區大型超市；再到信用卡的誕生帶來的購物中心；到二十世紀末二十一世紀初互聯網的出現帶來電商；最後發展到今天3G、4G與即將推出的5G技術的行動電商、社交電商及物聯網一系列的發展。

所以，**整個零售型態的出現，背後有一套非常強大的技術體系與供應鏈體系在推動**。新零售關係著我們每個人的生活，包括零售業態背後的變革，未來零售業會怎樣發展呢？

在我看來，無論是什麼樣的技術和歷史的推進，商業都不會偏離零售的本質，即無限地拉近人與人之間的距離，無限地優化人與人之間交易的路徑，技術推進無非是為了實現這個目標。到了二〇一八年，我們面臨的電商格局和新零售的環境，又將發生什麼樣的變化呢？

實體店遭遇三大成本上升，還有三店價格不同

很多人不明白為什麼中國的實體店家命運如此悲催？實體店家為什麼會衰落？國外好像並不會看到像中國這樣的局面，這又是為什麼呢？

事實上，這與中國整個零售結構有關，中國傳統實體零售由四個部分構成：廣告、通路、終端及消費者。

廣告是用來做品牌和招商，通路是用來壓貨與資金回籠，而終端是用來銷售。在這樣的狀態下，中國的實體產業受到三大成本的嚴重壓制：推廣成本、房租成本、人力成本。

推廣成本上升，毫無疑問會直接導致實體店家的流量成本快速上升，所以**實**

體店家有三個核心要素：地段、地段、地段。

地段直接決定三大成本，一個地段的好壞意味著流量成本的高低，也決定房租成本的高低，甚至決定人力成本的高低。

❖實體店家有兩個棘手死穴，難以解決

此外，實體店家更有兩個非常重要的死穴：庫存與折扣。庫存會降低整個產業的效率，而折扣會降低整個產業的利潤。如果一個產業的效率低、利潤率低，那麼企業怎麼能經營得好？

因此，整個實體店家的邏輯就是地段決定流量，流量決定店租成本，店租成本決定營運成本，中國從二〇〇二年開始房地產一路高歌猛進，一直到了二〇一二年，整整十年中國房地產快速上升，房價飆升。

由於在三架馬車（內需、出口、投資）的拉動下，從二〇〇二至二〇一二

年，靠著房地產的投資來拉動ＧＤＰ的成長，因此房地產的泡沫使經營實體成本快速上升。也正因為大的經濟結構背景使中國的實體產業越做越難，所以中國傳統商業正在迎來史上最浩瀚、最波瀾壯闊的大洗牌。

中國傳統商業的重要支柱是商場、超市、零售，但它們到目前為止經營都舉步維艱，從太平洋百貨、王府井百貨到萬達百貨（註：近幾年，中國的實體零售業發展均遭遇瓶頸。自二〇一四年起，萬達百貨、王府井百貨、重慶百貨、太平洋百貨、梅西百貨等相繼歇業，到二〇一六年更達到頂峰），從沃爾瑪、家樂福到樂購，從美特斯邦威、達芙妮、百麗到李寧，甚至麥當勞、湘鄂秦、俏江南等一系列著名的品牌，基本都遭遇業績快速下滑和骨牌式關店。

甚至很著名的服裝品牌ＺＡＲＡ、Ｈ＆Ｍ等也有類似的境遇。ＺＡＲＡ關閉在中國最大的旗艦店，並且在中國開店的速度前所未有地放緩；Ｈ＆Ｍ面臨首次進入中國後的業績下滑；優衣庫的營業利潤和淨利潤出現雙雙下滑，二〇一七年年初就關閉四家商店。

因此，在中國的實體店家產業，幾乎毫無例外地受到房租成本、人力成本和推廣成本上升所帶來的巨大競爭壓力。正是因為實體店家成本的快速上升，而且電商成本又相對有優勢，所以電商快速崛起。

庫存和折扣這兩個死穴，是實體店家很難解決的問題，為什麼這麼說呢？

❖為了解決庫存，通路商先墊錢再打折促銷

首先是庫存，中國的實體店家通路結構和產業結構是一個自上而下的關係，什麼是自上而下？**消費者面對的是終端商，終端商面對的是代理商，代理商面對的是品牌商，品牌商面對的是技術商和原料商，技術商和原料商面對的是資本商，而資本商面對的是資本市場。**

這樣一層層自上而下的結構，讓他們彼此之間的資訊受到阻隔，而且每一層之間很難互相分解，高庫存和高折扣的特性，並非依賴某一層的意願可以改變。

例如，在層層壓貨、層層加價並且層層設障礙的情況下，整個中國實體店家產業鏈結構非常不透明，就像品牌商進行廣告投放，目的是招募代理商，而代理商下端是通路商，最後透過打折促銷賣給消費者。

但是，消費者也會進行電商比價，就像今天我們在實體店家買東西時，都會拿出手機在電商平台上比較價格。因此，通路商為了解決自己的庫存（因為通路商產品，是由代理商和品牌商層層貨壓到手中），他需要先把資金墊上，之後不得已必須採取打折促銷的方式來爭取消費者，而消費者進行電商比價之後，如果發現商品吊牌定價較高，肯定會選擇在電商上進行購買。

在這樣的情況下，品牌商越壓貨，通路商就越要折扣消費；而越打折扣，消費者就越會選擇電商上價格更透明的品牌。品牌商為了能夠不斷地回流資金，提升資金的效率，又會拉升品牌的吊牌定價。因此，我們經常看到不打折不買、高折低賣，甚至有時候高折也不賣的情況，從而陷入為了提升利潤率就需要把吊牌價拉高的惡性循環。

當消費者對品牌的信任開始逐漸降低，且信任被摧毀之後，就陷入低利潤加上低效率的死穴中，這才是中國實體店家真正經營困難、舉步維艱的關鍵點。

在電商崛起之後，實體店家紛紛開始進行互聯網轉型，但是面臨的問題是三店（直營店、加盟店、線上店）難以合一、三店的價格無法一致。所以，我們看到蘇甯易購（註：中國連鎖型零售和地產開發企業，連鎖網絡覆蓋中國大陸三十個省、三百多個城市，以及香港和日本地區）採取一系列的措施，實現線上與線下價格統一，以此來發揮線上的優勢。但是，絕大多數戶聯網電商在轉型的過程中，沒有辦法做到價格統一，為什麼？

因為產業模式不同，品牌商透過廣告招商進行直營店的開設和加盟店的加入，但是加盟商因為壓貨，所以價格往往無法保證和直營店統一，這就會導致我們在行銷學經常面臨的話題：通路衝突（註：通路成員之間，認為其他成員的行為會阻礙到自身目標的達成，造成成員之間的緊張關係）。

❖ 資訊日益透明，顧客已不易被矇騙

通路衝突很嚴重，而消費者很聰明，資訊也很透明，消費者透過手機就可以非常快速地發現直營店、加盟店和線上店之間的價格差異。因此，很多實體店家會用新的品牌或產品線去做線上電商，但這只是權宜之計，無法矇騙眼睛雪亮的消費者，而且在大多數人都採用權宜之計的狀況下，這種方式也沒有太大的用處。

在三大成本上升、三店難以合一、產業鏈層層加價、層層障礙不透明的狀態下，導致中國的實體店家難以完成有效地轉型。那為什麼國外沒有看到電商如此猖獗？也沒有看到電商取代了傳統實體店家的優勢呢？

因為，中國的零售業是一個剛剛興起的行業，沒有國外那麼成熟的產業結構，而線下零售真正的優勢又在於空間感的回歸，在於人們樂於享受逛街所帶來的樂趣，以及在實體店家中體會到線下優質的體驗。

舉例來說，**日本是非常講究線下服務精緻化和體驗化的國家**。在日本的線下實體店家，你會發現當你買完東西後，不用自己拎回家或是叫車，因為你可以用非常便宜的價格，在店裡獲得快遞到家的服務。此外，日本的線下實體店家還有很多細節服務，可以使消費者獲得非常舒服的體驗感。

因此，國外的傳統實體商業因為更加注重體驗與空間感的營造，所以電商很難做到一家獨大。

宜家家居（ＩＫＥＡ）在這方面就做得非常好，消費者進入宜家家居後，會感覺這不是冷冰冰的傢俱商場，而是消費場景：你可以躺在懶人沙發上看書，買到一塊錢一杯的咖啡，甚至在那裡消磨一個下午茶的時間。因此，傳統商業的成熟與完善，沒有給電商帶來一家獨大的機會。

❖美日傳統零售有特色，不讓電商占龍頭

美國同樣沒有做到電商一家獨大，因為美國具備以下幾個特點：

第一，沒有人口紅利

電商必須有非常大的人口紅利，而中國正因為擁有人口紅利，才讓物流費用在電商起步的階段贏得了很好的發展空間。

第二，美國的傳統零售商非常強悍

例如，只要有超過四千人以上的小鎮，沃爾瑪就會入駐展店，抵消了電商帶來的快速流失，現在沃爾瑪已發展快一個世紀了。

一九九五年，沃爾瑪在美國已經有三百多家商店，主要分布在小鎮，相當於中國的六、七線城市。在中國，我們看到不管是京東還是阿里巴巴，目前都在紛

紛布局農村電商，布局實體店家則下沉到五、六線城市，但這些工作對於國外來說，早已經在二十世紀末就全部完成了，並且具備非常好的通路體系和供應鏈體系，所以在這樣的情況下，電商的優勢就不那麼明顯。

第三，美國有很好的實體店家稅收與法律方面的保障

例如，美國各州政府對就業很看重，對於企業有稅收政策上的優惠，一旦公司達到一定的銷量，三十年內就可提供一定的稅收補貼。更加關鍵的是，美國沒有讓實體店家受到強大的房價上升影響，美國的商城經常建立在高速路口、郊區等，消費者需要開車才能抵達購物的地方，因此，為商城的建設減少了地租負擔。

另外，歐洲的實體店家與日本和美國的實體店家又不一樣。中國人口密集，而且主要密集在一、二線城市和沿海城市，而歐洲卻不是。因為歐洲人口分布不

夠集中，如果實體店家開在不同的地方就沒有足夠的人流，所以實體店家都集中開在一個商圈，以此來增加這個商圈的消費形成，對於涉及不到的地方就由便利商店滲透進去。更加重要的是，歐洲有百年傳承的零售文化，所以他們在文化方面會更加注重差異化的經營，以滿足不同客群的消費需求。

與中國的餐飲一條街、電器一條街等集中一個品類開在一條街不同，他們會用差異化經營、精細化的經營打造零售結構，營建熱點商圈無論是歐美還是日本，都更加注重差異化和精細化的線下體驗與場景，其經營成本不高，而差異化又非常明顯，使其傳統零售業呈現出健康發展的狀態。

相對地，中國的傳統零售業卻面臨兩大挑戰：

1. 三大成本（流量、房租、庫存）上升，經營環境惡化。
2. 中間環節層層加價並設立障礙，導致出現低折扣、高庫存、低效率、低利潤的局面。

這就是中國零售業難以為繼的本質原因。江河日下的傳統零售業，需要找到問題所在，並且找出解決方案

中國的實體店家下一步將走向何方？現在實體店家好像又開始死灰復燃，原因出現在哪裡？

第一，這兩年政府對房地產的打壓、限購，使房地產的價格逐漸回歸理性。

第二，電商過於集中，流量價格上升，線上與線下的成本差異正縮小，甚至有時候開線下實體店家比線上網商還要便宜，這給中國實體店家帶來了起死回生、重新煥發的機會。

那麼，線上線下的融合將為實體店家帶來什麼樣的發展呢？用一句話來說，「電商今天的成本正在上升，而實體店家的經營成本正在下降」。因此，在這樣的背景下，電商完成了對實體店家的革命之後，必須開始進行自我革命。

電商的流量紅利已消退，因為現在消費者的特點是……

中國的實體店家現在遇到一個很大的機會：電商經歷八年快速發展之後，面臨一個瓶頸期，也就是電商在對實體店家革命之後，開始進行自我革命。

中國的電商有以下四種模式：

第一種是產業鏈的模式，以京東為代表。

第二種是協力廠商平台模式，以淘寶、天貓為代表（註：天貓是中國最大的零售購物網站，由淘寶網分離而成，成員多為知名品牌旗艦店和專賣店，由阿里巴巴集團的子公司浙江天貓網絡所營運）。

第三種是行業的垂直模式，以聚美優品為代表（註：聚美優品創立於二〇一〇年，原稱「團美網」，是模仿Groupon的化妝品團購網站）。

第四種是特賣模式，以唯品會為代表（註：唯品會是由廣州唯品會信息科技、唯品會所營運的購物網站，以服裝、化妝品為主，也銷售小家電、玩具和日用品等多種商品）。

這四種模式從二〇一三年開始快速達到巔峰，為什麼是二〇一三年呢？因為二〇一三年唯品會進行美股上市；二〇一四年阿里巴巴透過港股退市之後，在美股實現了上市；而京東也在這個時間段內完成了美股上市。不管是聚美優品、唯品會、天貓、淘寶還是京東，這些大平台都在二〇一三至二〇一四年完成上市。

然而，就像一句老話：「天下之事合久必分，分久必合」，在這樣的背景下，這四家公司其實在二〇一三年就已經達到巔峰，而進入快速衰退期，所以中國的電商在連續四年成長率不斷下滑時，開始進入負成長。

❖京東看似轉虧為盈，其實嚴重虧損

二〇一七年三月二日京東發布財務報告，宣布自己已經轉虧為盈，賺了十個億，但事實是什麼樣呢？

從二〇一四年第四季到二〇一六年第四季，整整兩年時間，京東的營收成長從七三％降至三八％，平台銷售總額（Gross Merchandise Volume，GMV）從六千五百八十二億元增幅二七％，二〇一四年的增幅為一〇七％，但到了二〇一五年，增幅變成八四％，下滑的速度非常快。京東的整個估算扭虧為盈，是以非美國財務標準體系來計算，如果以美國財務標準的財務體系來計算，還需要加入二十三億四千萬元的股權激勵成本。

由於京東對員工和高階經理人進行大量股權激勵，增加了二十一億八千萬元的無形資產和投資減值的成本，以及十六億兩千萬元的攤銷，所以劉強東所說的扭虧為盈十個億，是按照非美國財務標準來計算。如果按照美國財務標準來計算，京東則是呈現嚴重虧損。

但是，京東整個財務報表透露一個重要資訊：京東的存貨、應收、預付（消費者預付），已經合計達到八百四十五億元。在應付帳款方面，京東二〇一〇年是十二億元，到了二〇一六年卻是四百四十億元，成長達六倍，這顯示了京東在財務上有大量的應付帳款。

但是，京東在拖欠供應商賬款的同時，又大力貸款給供應商，這說明了京東的金融體系意識到，電商領域的成長速度已經嚴重放緩。如果依靠電商帶來的收益，去支撐一家市值將近八百億元的公司，並且面對廣大股東的要求，會非常力不從心。

❖淘寶的生態是怎麼惡化呢？

其實阿里巴巴也是如此，以馬雲的話來說，中國經濟的放緩好比中國電商成長速度放緩，就像一個身高已達到一百八十公分的人想要再快速長高，已經不符現實了。

阿里巴巴的網站成交金額（Gross Merchandise Volume，GMV）在二〇一四年是五千零一十億元，到了二〇一五年則是六千七百三十億元，成長速度非常緩慢，因此阿里巴巴面臨的問題更加嚴峻，因為它屬於協力廠商平台模式，淘寶生態的惡化已經跟不上消費升級。

第一，大量的供應商在淘寶上賺不到錢，在天貓上也賺不到錢，二〇一七年「六一八」時（註：六月十八日是京東的周年慶，後來各大電商都打著「六一八」的旗號進行大促銷、大特賣活動），京東曾說所有的供應商要在「貓系」與「狗系」之間選邊站，無形中把大量的供應商綁上了戰車，所以這些供應商是「神仙打架，小鬼遭殃」。貓系和狗系已經是電商的兩大主流門派，供應商面臨的問題是支付大量的各種流量成本，包括直通車、聚划算等（註：這些是淘寶的官方促銷活動和工具。直通車方面，免費展示，買家點擊才付費，自由控制開銷、合理掌控成本。聚划算方面，團購時間長，可以做較好的宣傳，流量大）。

因此，**開設一家虛擬的線上店面時，硬性開銷與軟性開銷加在一起，可能比開設一家實體店家的裝修成本和營運成本還要高**，於是大量的供應商開始把注意力轉移到一些垂直的電商平台，或是社群類的電商平台。在這樣的局面下，整個阿里巴巴生態開始嚴重惡化。

第二，不管是阿里巴巴還是京東，都沒有跟上消費升級的趨勢，依然在用十二年前的模式來經營今天的電商。但是，今天的「九〇後」（註：泛指於一九九〇年至一九九九年出生的人）已經跟以前大不相同。

❖年輕的消費族群有哪些特徵？

那麼，現在「九〇後」消費者的特點是什麼呢？

1. 他們不缺物質，缺的是情感上的關懷。
2. 九〇後的消費者對平台，已經沒有任何忠誠度。

聚美優品發現一個殘酷的現實：以九〇後為代表的新型客戶存留非常難。二〇一三年「雙十一」的時候，更加體現出這種流量的不可靠性（註：指十一月十一日光棍節，又稱單身節，是流行於中國年輕人的娛樂性節日，源於淘寶商城於二〇〇九年十一月十一日舉辦的促銷活動）。

如果京東和天貓同時賣一款冰箱，京東比天貓便宜了五元，就有數以百萬計的流量流向京東，反過來也是一樣，因此流量是哪裡省錢去哪裡。在這樣的狀態下，所謂的流量紅利已經明顯褪去。

舉例來說，二〇一〇年以後，我們再也看不到像韓都衣舍一樣的淘品牌崛起了（註：淘品牌是淘寶商城推出的互聯網電子商務的全新品牌概念，意指「淘寶商城和消費者共同推薦的網路原創品牌」）。天貓為了透過消費升級來拉動自己的成長，紛紛鎖定跨境電商，積極簽約各種國際知名品牌，想引入跨境品牌，尤其是在被稱為跨境電商元年的二〇一五年，但問題是效果有限，為什麼呢？

第一，因為天貓九五％的海外品牌，都是由國內代理商代為經營，而他們以銷售為導向，不會鍾情於塑造品牌，所以天貓的業績跌跌不休。

第二，垂直電商開始逐漸分化淘寶，各種母嬰、美妝、奢侈品類的垂直電商開始瓦解，而淘寶的流量優勢在這一點上有幾個重要的要素出現。到了二〇一五年，行動互聯網4G牌照開始普及，大家紛紛轉向行動互聯網，行動互聯網快速崛起。因此，在流量被分流的背景下，九〇後對平台缺乏忠誠度的現象越來越明顯，年輕消費者已經很難被某個平台或某個電商的生態所壟斷。

例如，二〇一七年上映的一部電影《前任攻略三》有二十七億元的票房，但是我根本沒聽說過這部電影，甚至不知道《前任攻略》已經播到第三集。這說明了流量和客群已經紛紛開始社群化，這種社群化呈現出來的特徵是，我們與很多不同類型的社群形成一個平行宇宙，好像我們彼此活在一個完全不一樣的世界，即「雞犬之聲相聞，老死不相往來」。

這一點說明了中國的社群正在快速地分裂，中國的不同流量社群正在快速分層，已經很難有任何一個品牌和平台，可以壟斷各階層的消費。

所以，我們會發現，**今天的社群化品牌已經快速崛起，而且已經很難快速被大平台所壟斷，而流量分流的趨勢卻越演越烈**。更重要的是，一些好的品牌商開始更加看重精準流量，因為不管在天貓還是京東，即使流量總盤巨大，存留下來的卻很少。但是，精準流量不一樣，當你瞄準一個流量之後，七〇％至八〇％都是你的目標客戶，所以他們會更加積極地進入垂直類的電商平台，和垂直類的社群平台進行銷售。

❖電商平台必然有賣假貨，為什麼？

無論是京東、阿里巴巴、唯品會，還是聚美優品，在二〇一三至二〇一四年巔峰期過去後，股價都紛紛下跌。阿里巴巴在美股上市時，市值是兩千三百多億元，對公司背後的股東來說，這麼大規模的事業不論獲利與否都是壓力重重、非常痛苦，因為幾千億元的公司幾乎無法維持一〇%的成長。

因此，電商的勢頭發展到二〇一八年，已經開始變成強弩之末。在這樣的局面下，還有一個重要問題就是假貨和品牌形象。

以聚美優品為代表，二〇一四年聚美優品深陷假貨風波，其實賣假貨的豈止是聚美優品，這些大型的電商平台沒有一個可以逃脫責任，並且每個電商平台都深受假貨危害。因為，馬雲其實不想賣假貨，只是模式導致平台必然有假貨，為什麼？

因為做為協力廠商平台，有大量的供應商透過平台銷售商品，但是在流量成本非常高的情況下，如果供應商不賣假貨是賺不到錢的，所以正如劉強東所言，在網上不管是賣愛迪達（Adidas）還是耐吉（Nike），只有賣假貨你才能賺到錢。

所以，在這種模式下，我們基本上可以得出一個結論：中國的電商黃金發展期已在二〇一四年達到巔峰，並且現在已經連續四年下滑，新型的行動互聯網電商開始全面取代傳統的電商買賣。其原因在於，社群化的模式開始快速崛起，任何一個平台根本不可能壟斷流量，而行動互聯網社群化的形式帶來了不可阻擋的流量分流，所以現在內容電商快速崛起。

那麼，什麼是內容電商呢？當你看一篇文章時，覺得裡面的東西不錯就購買了，這是典型的購物和購買分離，它已經不再是電商，而是透過內容獲得流量，透過內容優勢切入電商領域。還有社群電商，它同樣不依賴大流量來供養，而是透過社群裂變的方式獲得流量，並且剔除了不必要的中間環節，創造了由用戶

（零售商）直接面對消費者的型態，所以傳統電商已經開始紛紛轉型，開始進入新的戰場。

❖傳統電商轉型線下，實體店家迎接第二春

二〇一五年有兩種電商崛起，也就是跨境電商和農村電商。阿里巴巴收購了三江購物，京東開始布局線下一百萬家店，而一系列的傳統電商品牌也開始紛紛轉向線下。

順豐優選捲土重來（註：順豐優選是以全球美食為主的網購商城，主營生鮮類食品、進口食品，採購自全球六十多個國家和地區）。小米開始布局自營店，預計三年開一千家商店。亞馬遜也計畫，在全美開設超過兩千家實體雜貨店。當當網計畫三年之內，要開設一千家實體書店（註：由北京當當網信息技術公司營運的中文購物網站，以銷售圖書、影音製品為主，也賣一些小家電、玩具、網路

遊戲點數卡等多種日用品的銷售）……。

傳統電商之所以轉型線下，是因為線下實體店家的機會開始出現，只有當線下實體店家成本變高、電商成本變低時，實體店家才會難以為繼，電商才會一家獨大。但今天，形式開始轉變過來，所謂的「社群電商」開始崛起，實體店家迎來第二春。

總而言之，**傳統的零售本質是無限拉近人與人的距離，不斷地優化人與人之間的對接路徑**。當電商開始往線下發展，零售才會形成一個新的變局，當一切都回歸到人與對人的服務時，一切才會從以前的買賣關係變成今天對人的服務關係。

所以，零售正在從過去的簡單買賣交易關係，轉化為今天對消費者的深度服務關係，這才是新零售的核心本質。

如火如荼的S2B新零售變革，帶來什麼好處？

中國電商的格局和實體店家之所以會衰弱，可以歸結為一句話——電商已經完成它的歷史使命。

電商完成對實體店家的變革之後，在二〇一三至二〇一四年達到巔峰，並開始盛極而衰。在連續四年成長率不斷下滑的狀態下，電商開始對自身進行變革，這樣的方向將會帶來什麼樣的影響呢？

❖新零售模式強調對人的尊重與關懷

馬雲把它歸納為**新零售**，劉強東則把它歸納為**無邊界零售**。但不管是哪種零售，發展的方向又是什麼？

大概在春秋戰國時期，非常偉大的希臘哲學家普羅泰戈拉有一句名言「人是萬物的尺度」，這是什麼意思？正如前文提到的，零售不斷拉近人與人之間的距離，同時不斷優化人與人之間互動的路徑，商品的零售必須體現出對人的尊重和關懷，因此現今的商業正在從買賣關係，轉變成服務關係。買賣關係是希望賣得更多，而服務關係則更關注人的體驗與感受、對人的價值。

由此可知，未來的新零售將是一個全新的商業模式，而這種商業模式就是S2B。S是指供應鏈服務平台，而B則是指小B（註：關於創業的S2B模式，可參閱第二章第七節）。這是一場正在進行的新零售革命，在這樣的局面下新零售將走向何方？

首先，我們看一個很重要的新矛盾。中國政府提出，社會主要的矛盾已經轉化，因為人民日益成長的美好生活需求，與不平衡、不充分的發展之間產生矛盾。這個新矛盾突顯一個關鍵點：社會資源足夠豐富，人均收入也增加不少，但是存在嚴重失衡的問題。因為資源是有限的，總有一天會枯竭，所以我們不能無限度地擴大企業的生產和製造。然而，共享方式的出現正好解決這個問題。

因此，在這樣新矛盾的背景下，**傳統產業的實體店家有兩大死穴（低效率的庫存和低利潤的折扣），而電商的典型缺陷是流量成本高昂和服務體驗。**

現在不管是網店還是電商，都必然會帶來高成本和低黏性，這就讓實體店家和電商開始勢均力敵。這裡並不存在誰好誰壞，而對於今天的實體店家來說，必須破除層層剝削和層層障礙，才會更加有利。就像劉強東說的「十節甘蔗理論」，前端包括研究開發、原料採購、生產製造、物流倉儲、訂單處理，後端包括行銷、傳播、終端、訂單、客服等一條供應鏈（註：其中，前五個環節歸品牌商，後五個環節歸零售商）。在傳統產業中，這個鏈是怎麼構成呢？

❖ 消費已經升級到四個新層次

首先，對於層層盤剝來說，每一層的資訊都無法互通，並且非常僵化，導致問題更加嚴重，對於終端消費者的反應非常慢，所以我們經常說消費升級。那麼，到底什麼是消費升級？

消費升級是指，過去我們對消費的需求大部分是停留在物質層面，而今天要上升到一個更高的層次，可以把它歸納為**四個新**。

1. 第一新關係

由過去的交易關係變成今天的服務關係，由過去的顧客關係變成今天的社群關係。

2. 新場景

由過去的電商沒有體驗與黏性，變成給顧客一個全新場景。這個場景包括線上和線下，並且需要線上與線下攜手創造。

3. 新技術

今天我們經常提到雲端計算、雲端庫存、大數據等新型技術所帶來的消費者分析。

4. 新商業

未來的商業型態必定會變成Ｓ２Ｂ必經的社群商業，這就是新零售模式的典型特徵。

所以，當我們破除了傳統商業的層層剝削和障礙，以及不同通路的不同價格時，讓品牌商直接面對消費者的時代將會出現。

一，這是一種全新的商業，當零售價不是按照層層盤剝累加起來之後到達的終端價格，而變成按照供應鏈、服務商、庫存、倉位、品牌商等統一來決定的時候，才會達到品牌的共營。

二，必須完成社群化轉型，不再依賴差價而是依賴服務價值去獲利。

例如，世界知名品牌好市多（Costco）收取每人三百美元的會員費，從而透過供應鏈管理，讓每一個顧客可以在平台上買到非常廉價，並且高CP值（性價比）的產品。好市多的收益九五％來自會員費，而只有五％來自產品差價。

這就是一個非常健康、透過S端供應鏈的服務平台，所獲得的價值來創造收益的案例。而且，這個收益是服務型的收益，不是差價型的收益，同時從「賣得更多」的交易關係，轉化成「更加好賣」的服務關係，不僅可以達到供需調節目的，還能讓產品販售更順暢。

❖線下可以連結社群，促進產銷互動

在這個過程中，利用虛擬空間和實體空間互相的優勢至關重要，雖然**對於傳統行業來說，實體空間是低效率與低利潤，帶來庫存和折扣的缺陷，但是實體空間卻有非常好的體驗感，可以完成社群的連結和產銷的互動。**

有句俗話說得好：「線上聊千遍，不如線下見一面」，就是指人與人之間的關係拉近，和路徑的優化都離不開線下，線下可以促進社群的連結，也可以帶來產銷的互動。同時，解決了傳統商業當中只是用實體，而沒有辦法完成產銷互動、高效連結與體驗的問題。

舉例來說，我參與投資的跨境電商平台「好獲嚴選」，有一款產品是日本的美食急救包，這款產品解決我們吃完大餐之後怕胖的問題。因為日本的飲食相對比較清淡，所以當這款產品在重慶市場做測試時，效果不太理想。後來，我們透過線下的實體監測與使用者互動，發現中日飲食結構的不同導致產品效果有偏差。因此，快速地把產品返回到研發端，讓研發端按照中國的飲食結構重新調整配方，之後用一個月的時間完成供應鏈端的閉環（Closed-loop）。

透過這個案例，我們可以體會到產銷互動，甚至是研銷互動，這樣的方式最後就會獲得顧客的認同，因此在這樣的體系中結合了線上線下的雙重優勢。

❖用通路、流量和供應鏈的共享取代獨占

線上的優勢在於，可以進行預售提高效率，以銷定產，並且速度非常快，可以快速地透過社交平台和一系列的工具，來獲得用戶的回饋，透過後台消費資料和消費區域大數據，了解產品的情況。相對地，線下有超強的體驗感與完善的社群連結方法，有利於完成產銷互動，因此在這個過程中，就完成了虛擬空間和實體空間的虛實整合。

通路共享是指，用共享來替代過去的獨占。不管是供應鏈還是通路、流量，

過去都是被獨占的，例如阿里巴巴、京東等一系列的電商平台以前希望獨占流量。但是，行動互聯網的到來，解體了過去互聯網的流量池子，讓流量變得零碎化和社群化，這樣就沒有人可以獨占流量。

因此，今天我們要做到通路、流量和供應鏈的共享，要把更多優質的供應鏈凝聚到供應鏈的服務平台當中，透過優選和設立更高門檻手段來篩選供應鏈，讓更多的優質供應鏈共享社群類的通路和流量，同時讓社群在這個過程中得到服務型收益。

這就是Ｓ２Ｂ中Ｂ的環節，讓Ｂ不再透過產品差價獲益，而是透過消費者資訊與服務社群獲得收益。也就是說，**以虛擬空間和實體空間的共享代替獨占，以透明代替封閉，以柔性供應鏈代替僵化供應鏈，這就是通路共享。**

❖結合社群流量與資金平台

未來平台將會取代鏈的概念，產業龐大的剩餘產能和內需市場，結合龐大的社群流量和資金平台。因此，**實體空間將由過去線下的核心要素：選址、實體貨幣、銷售、物流和管理，變成線上的核心要素：流量、供應鏈、物流、客服、營運，這將會是未來銷售的新模式。**

你現在是否運用Ｓ２Ｂ模式，平台是否具備開放性，是否有個優秀團隊，是否可以提供從商品到虛擬內容等一系列的內容服務，以及是否具備良好的營運與資料分析的能力，解決由過去的中心化零售到未來的新零售。

所謂的新零售，是指人人都是零售商，需要實現以下四個目標：

1. 品牌的共贏
2. 通路和流量的共享

3. 產銷的互動
4. 平台化的成長和開放。

這四個目標將變成未來電商的核心方向。根據普羅泰戈拉所說的「人是萬物的尺度」，商品必須體現對人的尊重和關懷，只有從過去的買賣關係過渡為服務關係，才會體現出對於人的尊重和關懷。因此，過去兩百年完成的是大規模的工業生產和大量生產，而未來將會變成服務業的量產提供。

S端將完成對於B端的大量服務，而B端又將完成對消費端的分散化、零碎化、個性化和柔性化的服務，這樣才會迎來整個新零售的誕生和崛起。

重點整理 /01

■ 零售型態的出現，背後有強大的技術體系與供應鏈體系在推動。

■ 傳統產業的實體店家有兩大死穴：低效率的庫存、低利潤的折扣，而電商的典型缺陷則是流量成本高昂、欠缺服務體驗。

■ 傳統的零售本質是無限拉近人與人的距離，不斷地優化人與人之間的對接路徑。

■ 對傳統行業來說，實體空間呈現低效率與低利潤，帶來庫存和折扣的缺陷，但是實體空間有很好的體驗感，可以完成社群連結和產銷互動。

■ 實體空間將由過去線下的核心要素：選址、實體貨幣、銷售、物流和管理，變成線上的核心要素：流量、供應鏈、物流、客服、營運，將會是未來銷售的新模式。

NOTE

NOTE

第 2 章

各大電商平台搶顧客，引發零售模式改變

未來的經濟主體不是公司或團體，而是小B

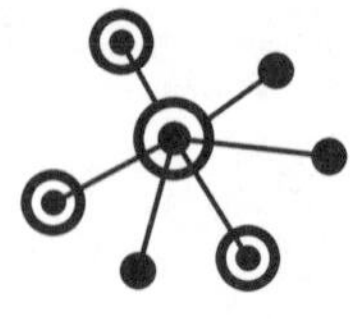

中國互聯網產業的發展經歷三個階段，從現象層面來看，其規律非常相似。

1. SSN：新浪、搜狐、網易
2. BAT：百度、阿里巴巴、騰訊
3. TMD：頭條、美團、滴滴

在互聯網出現之前，內容互為孤島。在網頁與瀏覽器出現之後，世界大為改觀，全球各地的資訊內容突然被打通，局勢為之大變。二十年前互聯網進入中國時，一開始被翻譯為資訊高速公路，可說是十分貼切。

❖控制資訊的分發權，就能分配利益

在資訊高速公路所達之處，所有內容供應者的獲利模式被全面顛覆，連接者控制資訊的分發權，進而奪取了重新分配利益的能力，或是在消費者與內容供應者之間設立新關卡。例如，阿里巴巴和百度最典型的作法就是雁過拔毛般設卡收費，馬雲稱之為「國家模式」。

連接者對舊經濟的攻擊是依序展開的，首先是新聞市場，接著是流通市場，然後是服務市場，在這三大戰役之後，可說是「遍地英雄下夕煙」。

1. SSN：新浪、搜狐、網易

互聯網工具的應用從內容、連結到服務，SSN把原來報紙、電視等傳統媒體的內容搬到網頁上，而商業模式仍然屬於媒體流量二次分發，主要靠廣告獲利。

2. BAT：百度、阿里巴巴、騰訊

BAT主要提供連結，百度為人與資訊提供連結（見圖表2-1），透過搜尋引擎改變人與資訊的關係，人們可以按照需求進行高效連結，而零成本的資訊檢索在某種意義上，就是獲取資訊的平權運動。

阿里巴巴為人們與商品提供連結（見圖表2-1），創建人們與商品的新關係。我們可以透過商城隨時下單購買所需商品，透過終端加上物流與支付寶，實現貨通天下，一舉拉平了傳統線下商業終端供應的稀少性與價格壟斷，並形成新的壟斷。

騰訊為人與人的社交提供連結（見圖表2-1），透過即時通信，構建一種超越空間與時間的虛擬社交模式，並在互聯網下半場，透過微信完成基於行動端的真實社交模式。

圖表 2-1　互聯網上半場

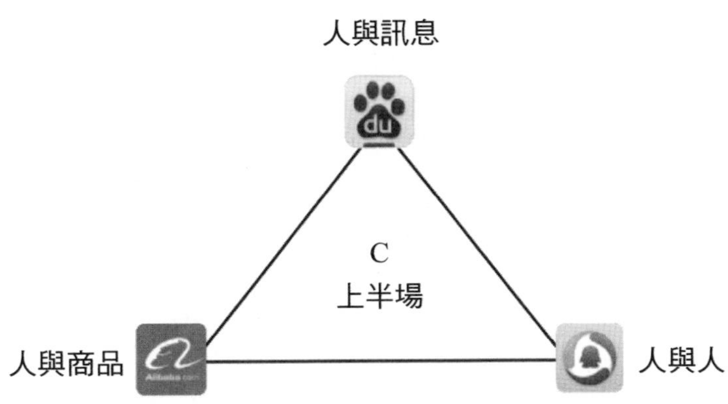

❖ 未來經濟主體不是公司，而是個人

3. TMD：頭條、美團、滴滴

TMD主要提供服務，頭條提供的是與百度相反的資訊服務，將檢索提升為智慧推送（註：今日頭條是一個探勘資料、挖掘數據的推薦引擎，為使用者推薦有價值、個性化的資訊）。**當資訊氾濫、使用者無從選擇時，會突顯出搜索的價值，而當價值資訊需要適配時，精準智慧推送的價值就會體現。**

美團提供的是與阿里巴巴相反的

線下服務，將實物商品改為線下服務，讓服務變得不規則化，進而完成商業的閉環，同時需要服務人員與使用者進行線上線下的參與互動。

滴滴（註：「滴滴出行」之前稱為「滴滴打車」，是中國一種基於共享經濟，在手機上預約將來某個時點使用或共乘交通工具的手機應用程式）提供的則是與騰訊相反的線下連結服務，垂直於線下場景，以共享經濟的模式，完成車主與乘客之間的線下連結，使商業由過去的團體經濟模式轉化為個人經濟模式。

正如《哈佛商業評論》所說，**未來的經濟主體不是公司、團體，而是個人。**在平台的賦能（註：意指是賦予能力，透過網際網路、大數據分析等，提升零售與商家的運營效率與能力）下，車主由一個普通個體轉化為小B創業者。

二〇一七年經歷了網紅、自媒體、直播的喧囂，以及papi醬的廣告拍賣千播大戰（註：papi醬的本名為姜逸磊，是中國網紅，一九八七年生於上海，畢業於中央戲劇學院導演系），我們以為互聯網的機會又回到內容。但是，我們無法借鑑內容創業者不可複製的特性，而普通內容創業者再次被收編到頭條、直播等內容平台上，使內容創業者的命脈又被強勢的平台所掌握，而其中鮮有真正的成功者。

最後，鐘擺重新擺回至「服務」，其中最值得借鑑的是，平台讓小Ｂ具備為消費者提供最適量服務的權力與能力，這就是未來對小Ｂ極有效率的Ｓ２Ｂ平台。

只做2C越來越難賺，該如何朝向2B轉型？

互聯網的發展可以簡單分成上半場、中半場及下半場，上半場主要是一系列的對戰，早期有新浪、網易、搜狐等入口網站，最後剩下BAT三家巨型公司，而中半場時出現TMD。

❖為了奪取流量紅利，電商巨頭都做2C

這六家公司有一個共同特徵，就是都為2C。為什麼在互聯網的上半場和中半場，出現的公司全都是2C呢？

其原因在於，上半場和中半場的最大紅利是流量紅利。BAT這三家公司之所以能在互聯網上半場立足，是因為他們都解決了C（消費者）與互聯網的關係。

中半場TMD的成長速度也非常快，例如：頭條的收視率就遠超央視，現在已成為中國廣告最大的聚集地，以至於搶占百度大量的廣告資源。百度為什麼沒有像阿里巴巴、騰訊發展良好，原因之一就是很多人在搶它的廣告。頭條最大的獲利模式就是廣告，這改變了傳統廣告的投放方式，由主動搜索變成精準推送，解決了人與資訊的關係。美團解決人與服務的關係，滴滴用交通的形式解決人與人的關係。

這六家公司都用線上的形式解決人與人的關係，解決C的問題，但為什麼今天的流量成本越來越貴呢？

其原因在於，**平台將人群導流到線上的過程已經結束，現在幾乎沒有人不在線上，因此創業若是還想用流量紅利，則純屬癡心妄想**。也就是說，今天做2C生意的人面臨一個共同挑戰：要麼站在角落裡枯萎等死，要麼進入上巨頭的戰車被搞死！

❖流量紅利失效，創新機會減少

互聯網下半場的第一個總體大環境，就是沒有流量紅利，因為存在著商業霸權，而商業霸權一旦形成，就表示大家都無法生存。在這種霸權中，所有的霸主都建立一個大水塘，凡是想從大水塘中舀水的人都必須花錢買水。

儘管身處在這種霸權主義下，有的創業者在創業時依然碰到這樣的課題：模式不會說話，商品不會說話，人也不會說話。於是，在現今的商業環境裡，創新的機會將越來越少。

創新機會之所以變少，是因為所有的創新都離不開流量，再好的項目若沒有流量也無法轉化。但是，在目前的中國商業環境中，沒有人能真正解決企業與資訊的問題、企業與商品的問題，以及企業與企業的問題（見圖表2-2），導致絕大

圖表 2-2 互聯網下半場

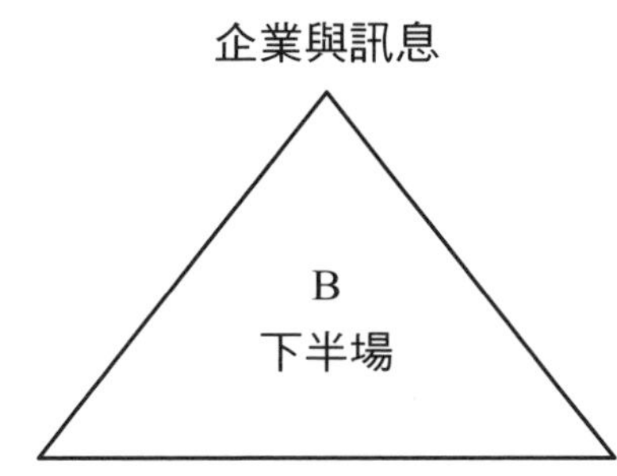

多數的企業都在避免失敗，而不是追求成功。

❖ 現在做C端事業，是高難度的挑戰

2C業務是指生產一個產品賣給最終消費者，但是今天這種業務越來越難做了，因為2C業務存在著巨大的隱形門檻，而這些門檻在表面上是看不到的，於是很多創業者認為自己的產品很好就可以了，或是認為自己的產品能滿足消費者的需求就可以了。其實這還遠

遠不夠。

舉例來說，最近有一個「光觸媒技術」諮詢委託案。簡單地說，這個技術可以在紡織品或是建築物的表面，塗上光觸媒塗料，讓物質表面變得更耐髒、更環保、抗菌抗黴等。儘管產品很不錯，但是他們卻一直無法擴大企業規模，為什麼呢？因為他們生產的產品全都是2C的消費品，例如內褲、襪子、襯衫，以及像空氣清淨機等一系列2C的產品。

為什麼現在從事針對C端消費者的事業，是非常難的事情呢？因為今天大量的C端消費者已經被京東、淘寶、阿里巴巴等大平台所壟斷，大家都往那裡去了。如果想要做好針對C端消費者的專案，必須跨越很多門檻。

第一個門檻：品牌背書

因為C端消費者更加弱小，所以需要有強大品牌背書，才能讓他們產生信任。

第二個門檻：廣闊的通路

因為是消費品，所以非常依賴通路。舉例來說，若要賣一瓶水，需要具備像娃哈哈一樣的通路實力才可以（註：娃哈哈在一九八七年創立於杭州，為中國最大、全球第五大的食品飲料製造商）。消費品高度依賴大規模配銷，而中小型企業往往不具備大規模配銷的能力。

第三個門檻：產品設計

我們經常無法了解，在當前整個產業鏈中什麼樣的產品受歡迎，而光憑自己的感覺去設計產品。

因此，今天做C端消費品，我們還沒有運用大數據的能力，而這些能力都已經被京東、天貓、淘寶、騰訊等巨頭所壟斷，普通供應商很難獲得。

簡單概括來說，C端消費有幾個核心的隱形門檻（見圖表2-3）：

圖表 2-3　C 端消費的門檻

1. 大數據能力
2. 資金能力
3. 通路配銷能力

這三種能力是今天做C端的企業必須逾越的巨大門檻，我們應該如何面對這樣的難題呢？

我們需要構建一個全新的S2B。因為如果只做2C的專案，將越來越難，因為傳統企業不具備互聯網能力。我們應該考慮如何從以前的2C，向今天的2B轉型。很多人認為2B是招商，其實招商與今天的S2B完全是兩個概念。

❖消費者已社群化，物以類聚、人以群分

我們應該轉型從事一個上游供應鏈的服務平台，向B端輸出服務，而過去我們經歷三個階段。

第一個階段：淘寶

其實過去淘寶針對的也是小B。一個想創業的年輕人拿著三、五萬元創業，需要做一系列的事情，而淘寶就為他們提供銷售通路。

第二個階段：微信

出現了微商（註：微商是指透過微信、微博、微網，開展行動電商的企業主）。微商把供應鏈的服務、產品的研發和設計包攬在自己身上，只需要透過朋友圈進行分享，就能夠獲得收益。

第三個階段：全新的S2B時代

這個時代的特點是：只提供像淘寶這樣的銷售通路是遠遠不夠的，必須提供使用者（小Ｂ）所需的售前、售中、售後、訂單、客服及物流等一系列的服務，儘可能降低小Ｂ的參與門檻，讓小Ｂ充分發揮自己的個性化服務能力。

現今２Ｃ消費品之所以變得越來越難，正是因為我們面對的是形形色色的消費者，而任何一個企業都無法只憑一己之力，覆蓋各種類型的消費者。

現在消費者已出現一個巨大變化，就是社群化。物以類聚，人以群分，社群化的趨勢越來越明顯，我們該如何做，才能讓自己的產品和服務滿足越來越多的社群呢？

如果社群太小，很難實現商業利益，所以我們應該在S端供應鏈做到標準化，為下面的小B提升能力。**越來越多的小B需要做的是個性化，用自己在社群中的位置與個性化能力，去服務不同類型的社群。**

如此一來，S與B之間的關係是：B透過S去下載它需要的能力，同時小B把個性化的用戶需求上傳到S端，讓S端即時進行柔性化調整與對應。

❖ 未來商業型態，是S端透過小B輻射到C端

S端可以透過上萬甚至更多的小B，輻射到廣泛的C端消費者，這將是未來的一種商業型態。在進行人以群分的畫分之後，廣大的C都將逐漸轉化為具備經營能力的小B，而小B不具備供應鏈、技術研發及團隊管理的能力，也不會營運

電商。

對於S來說，這些小B就像是航空母艦上的戰鬥機。航空母艦若沒有戰鬥機，就不具備廣泛的攻擊能力；而戰鬥機若離開航空母艦，就沒有地方可以降落，最後將墜毀。

因此，**S與B的關係其實是彼此相互依賴，而且會變得越來越深化緊密，互動性會變得越來越強**。今天，經營2C業務的創業者應該好好思考一個問題：為什麼我們無法跨越2C業務巨大的隱形門檻？

能真正做好S端的企業，通常都能讓小B提升能力。要謀定而後動，不應該急於一時一刻去啟動專案。當前2C業務越來越難做，就意味著S2B的趨勢銳不可當。

賺錢邏輯的本質，從魚塘理論改變為牧場理論

如果企業的賺錢理念不好，結果必定是不好的，因為每個人產生的行為都出自理念與動機，所有的賺錢都是理念加上工具、方法等於結果。有好工具和好方法，才會得到好的結果，而好方法都是由正確的觀念與思維衍生出來的，所以你要想有好的結果，就必須學習正確的理念！

但是，**在互聯網上半場賺錢的理念是魚塘理論，這是以電腦為載體的互聯網傳統賺錢理論**。每個人都運用技巧在魚塘裡撈更多的魚，大家都是找到一個魚塘，並且為自己的企業進行包裝，之後再往魚塘裡扔魚餌引魚兒上鉤，這就是傳統互聯網最大的一個特徵。那網站怎麼賺錢呢？

最簡單的模式就是賣廣告，所有的內容都對使用者免費開放，大家想盡一切辦法釣更多的魚進入自己的網站。只要自己的網站足夠有魅力，魚足夠多，就可以把魚塘的撈魚權賣給商家。

❖魚塘理論獲取流量的方式——投放廣告

網站統計其價值，是透過IP位址的訪問量來衡量，但是我們對於流量沒有什麼概念，所以傳統個人電腦互聯網是得流量者得天下。最典型的獲取流量方式，呈現出四種推廣的形式：

1. 圖片廣告：廣場路牌式展現，並且收費。
2. 軟文廣告：網站軟文（註：相對於硬性廣告，是由企業企畫人員或廣告公司文案人員負責撰寫的「文字廣告」。）

3. 效果廣告：按照點擊量展現，並且收費。

4. 口碑廣告：水軍推手（註：指網路水軍與推手，是一群人有組織地在網路上，針對一些問題集中發帖及發表言論來操縱風向，達到某種目的。）

因此，過去的創業理論稱為「魚塘理論」，而現在的創業理論則稱為「牧場理論」。**魚塘的業主不知道裡面的每一條魚，但牧場的牧場主知道每一頭牛。在微信上賺錢的理論是什麼呢？就是「牧場理論」。**

傳統互聯網經營資料，行動互聯網經營的是人，資料好壞都是資料，人的好壞決定了是否值得信任。那麼，什麼是「牧場理論」？

凡是主動加你社群的都是「乳牛」，你與乳牛之間是有感情的。只有當你提供好的飼料給乳牛，他才會健康成長並生產牛奶，只有當他生活得舒服，才會生產小牛。

你的角色正是別人牧場裡的乳牛，同時又是自己牧場裡的牧場主，彼此之間相親相愛，互惠互利。《聖經》裡有句話說：「耶和華是我牧者，我必不至缺乏，他使我躺臥在青草地上，領我在可安歇的水邊，他使我的靈魂甦醒。」這句話描繪的就是牧場景象。

❖魚塘孳生坑蒙拐騙，牧場首重建立信任

今天的牧場理論是行動互聯網最重要賺錢理論，而當前不管是挖掘動機、獲得信任、改變認知、社群裂變、直接交易等，都可以透過微信來完成。

魚塘理論與牧場理論恰恰相反，你只需要有流量就行，餵什麼飼料都無所謂，導致別人越來越不相信你說的話。牧場理論的信任資產很高，因此成交也會越來越容易。牧場理論是讓這個時代的好人賺錢，而魚塘理論會滋生很多的坑蒙拐騙，是讓壞人掙錢。

圖表 2-4 牧場理論

 牧場理論

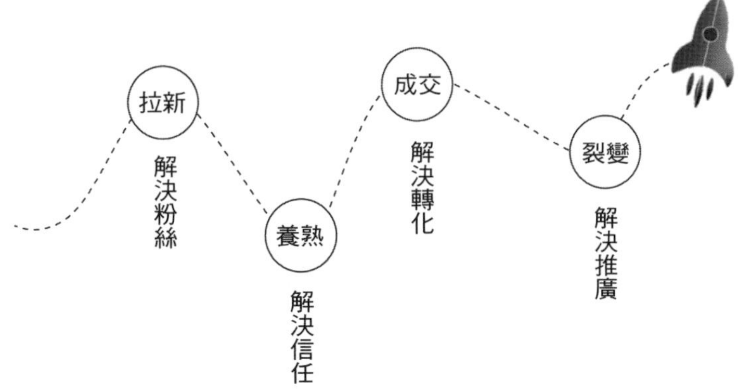

比傳統多了兩個重要模組：
養熟和裂變

根據統計，現在社會上，每個人線下可以長期建立穩定關係的人不會超過一百二十個，但是微信可以加入五千多人，所以在微信朋友圈裡，對你的商品或服務產生認知的人是五千多人。

今天，很多人沒有好好營運朋友圈，而行銷是一場戰爭，客戶口袋裡的錢是你的戰利品，「不信任」則是你的頭號大敵。因此，只有

消除不信任，成交才能水到渠成。

在互聯網上半場，只有兩個概念：拉新（解決粉絲）、成交（解決轉化）。現今，**在牧場理論中多了養熟（解決信任）、裂變（解決推廣）**（見圖2-4）

（註：拉新是指透過各種推廣方式拉到更多新顧客）。

不懂得用手機開店營業，就等於不會做生意

互聯網存在的意義在於提高效率，同時降低成本，而裂變產生的宏觀背景是互聯網載體發生巨大變化。這種變化已有三次：

第一階段：以電腦為主，電腦天生的特點是用來處理資訊。

第二階段：手機為主，手機天生的特點是用來連結。

第三階段：以物聯網（Internet of Things，IOT）為主，也就是萬物都能互聯，都是終端。

由此可知，在載體發生變化之後，一切都隨之改變。

儘管載體改變了，每個人的賺錢思維還停留在個人電腦時代、流量時代。從電腦到手機，互聯網的起源就是處理與交換資訊。**一般獲取資訊的方式有兩種：一種是主動搜索，另一種是被動接收，這就是電腦自有的特性——處理資訊**。智慧手機的出現讓人們獲取資訊的方式變為小小的手機螢幕，且有作業系統，而手機硬體與軟體結合，讓人們在手機上就能獲得自己想要的東西，使得手機的威力更加強大。

手機的天然屬性是連結，其大小容不下許多資訊，只有使用頻率高、剛性需求（消費者不可或缺的事物）的應用才能夠留在手機中，例如：滴滴打車、百度地圖等基礎應用，而使用頻率很低的軟體都會被卸載。

❖微信承接手機原來的社交網路

微信替代了手機的通訊功能，基本上承載了原來的社交網路，只是朋友圈和微信群讓人與人的連結成本變得極低、效率極高。

互聯網的載體從個人電腦轉向手機之後，帶來五大變化：

1. 人口紅利消失，流量成本越來越高。
2. 監管不健全，資訊混雜，信任難以建立。
3. 手機螢幕與資訊承載量小，認知資源占領競爭激烈。
4. 從中心化轉變為去中心化、社交化。
5. 資源零碎化、時間零碎化。

這就是現在的經營環境和市場環境。因此，相較於過去的個人電腦時代，微信有四大特徵：

1. 簡單：男女老少都會用。

2. 真實：實名化註冊。

3. 有錢：微信支付更便捷。

4. 連結：隨時隨地資訊互動。

微信的這四大法寶，將傳統互聯網的流量成本轉化為推薦好處，現今成本最低的地方就是微信，是熟人社交。因此，如果你不會用手機創業，就等於不會創業。

微商陷入用戶無感、品牌無格……，S2B是翻身方法！

從傳統商店到淘寶再到微商（見圖表2-5），發生了什麼改變？最大的改變就是越來越簡單便捷了。過去開設一家傳統商店，需要做好選址、裝修、進貨等一系列的準備，因此商店的生意很難做，對人力的要求也很高。但是**到了淘寶時代，開店變得容易很多，只需要進貨、接單、客服、發貨即可**。

然後，發展到微商時代，只要囤點貨、發個貨就可以。所以，在商業型態不斷發生改變的過程當中，商業門檻越來越低。那麼，為什麼會有這種現象呢？

圖表 2-5 開店形式的改變

社會分工發生變化，引發新零售模式

社會分工陸續發生了巨大改變，原來供應鏈端中很多部分都握在自己手裡，效率很低、成本很高。然而，S2B的到來降低了商業門檻，社會分工的變化必定會帶動新的商業模式。請看下面這個故事。

中世紀早期，威爾斯與英格蘭人中最厲害的戰士是長弓手，後來火槍出現，在初期火槍的威力與穩定性還不如長弓，大部分人對火槍嗤之以鼻，而一部分擁抱變化者認為火槍必然超過長弓。

結局眾所周知。長弓因為難度係數高，導致作戰範圍窄，戰鬥力週期長。早期火槍雖然穩定性與射程不如長弓，但可以讓一個普通人一天就擁有戰鬥力，更何況火槍每天都在進化，且進化到足以改變歷史的軌跡。

所以，無論過去、現在還是將來，工具的變化一直推動歷史發展。從長弓手到火槍手，哪些東西改變了？

1. 主體變小
2. 簡單便捷
3. 裂變增強

❖微商過度競爭，帶來三無的局面

或許有的人會認為，微商也很符合這個理念，但是現在為什麼不行了？二千萬的微商將何去何從？

1. 二〇一七年十月一日後，中國的食品安全法將在微信全面落實，意味著所有沒有資質的微商食品和化妝品全都要下架。
2. 微信開發「搜一搜」，與百度對戰。
3. 微信推出一種功能，可以一鍵刪除三個月內沒聯繫的好友。

以上三條都是針對微商專門設定的。但在二〇一八年下半年，傳統微商將全面瓦解，因為微商現在面臨以下的問題（見圖表2-6）：

1. 發展快，頭重腳輕，供應鏈與服務管理跟不上。例如：商品控管出狀況。
2. 行為缺乏約束。
3. 缺乏「幫助、扶持及帶領」的機制。
4. 注重開拓，疏於維護。
5. 售後、團隊培養的機制差。

圖表 2-6　傳統模式分析

	傳統門店	傳統電商	傳統微商
商品／服務	●少量商品 ●以位置為驅動 ●入駐商家差異化服務 ●獨立運營	●海量商品 ●以商品為驅動 ●入駐商家差異化服務 ●獨立運營	●品類少集中，以人來驅動 ●性價比低，貨轉模式 ●封裝體系無法比價
簡單便捷度	●市場成熟 ●創業成本高 ●無賦能	●市場成熟 ●創業成本高 ●賦能少	●人力傳播團隊體系鬆散 ●沒有培訓，成長緩慢 ●利潤單一，用戶分享動力弱
模式／利潤	●優勢位置稀缺 ●銷售成本推高 ●獲利能力變差	●新增紅利停止 ●銷售成本推高 ●消費認知固化	●供應鏈差，流量成本推高 ●層層配銷獲取利潤 ●人頭獲利
消費場景	●線下場景	●商品主動銷售，擬場景	●虛擬場景

6. 從業人員素質低、工作意願低，團隊魚龍混雜。
7. 缺乏理念與價值觀引導，有錢就賺，而且從業人員無門檻。
8. 不切實際的故事宣導。

這就是微商現在面臨的問題，本質是什麼呢？

過去是流量競爭、價格競爭、通路競爭，瞄準的是固定需求。**商家進行野蠻無序的競爭，導致供需關係惡化，帶來三無的局面形成死結，造成用戶無感、競爭無度、品牌無格。**

❖藉由供應鏈服務平台，為商家強化能力

相較之下，S2B透過供應鏈服務平台，為創業者提升能力，同時協同服務消費者。

那麼，到底什麼是S2B呢？

S是供應鏈服務平台，借用哈佛商學院的描述，**供應鏈服務是指從產品研發、取得原料開始，到最後交付給消費者一連串的服務**。供應鏈服務平台包含了最後如何讓客戶好好消費體驗，以及這個過程中提供的一切東西。

供應鏈服務平台的上游有M（供應商），M向供應鏈服務平台提供內容、產品及服務，S透過產品、服務輸出給B（創業者），B透過下載服務給C（消費者），C再把需求回饋給B，然後B將資料提供給S，S再反向提升M的能力。這就是一個基礎版的S2B全鏈路體系（見圖2-7）。

「未來所有公司都會變成孵化器」，因為服務C端的成本很高，個性化程度也很高，我們無法訓練出一樣的人，去服務完全不一樣的消費者，所以應該讓無數的個性化小B去服務分屬於不同社群的C。

C需要的是消費體驗，小B需要的是創業服務，以及真的賺到錢，所以從2C到2B什麼改變了？

圖表 2-7　S2B 全鏈路體系

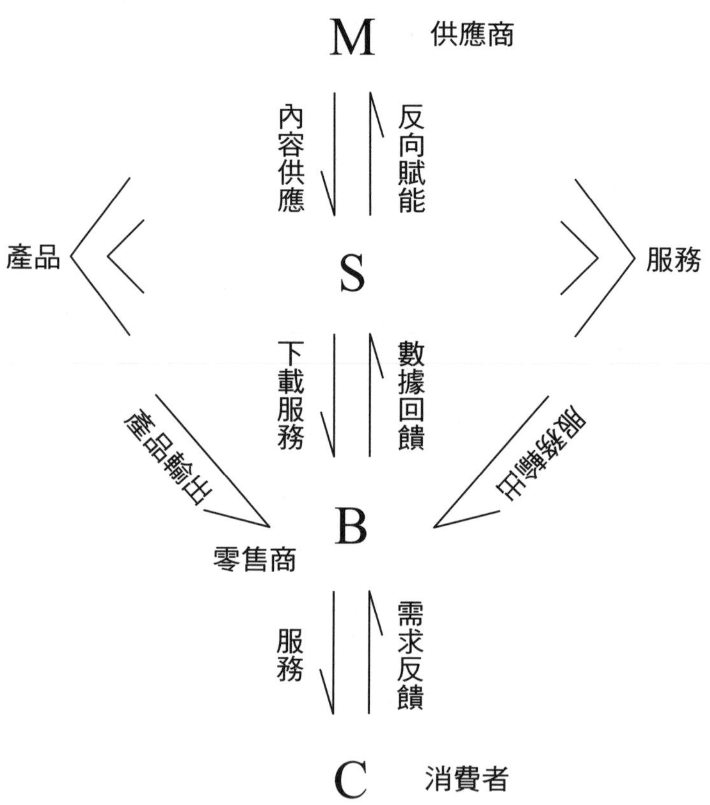

❖事實證明，中間商是必要的存在

過去我們對中間商有很大的誤解，總認為中間商不應該存在，在互聯網上半場的過程中，我們過於強調去除中間環節，就像瓜子二手車（註：Guazi，電子商務公司，透過入口網站，為消費者提供購買和銷售二手車的服務，是深圳、廣東等中國東南部最受歡迎的二手車平台之一）總是強調沒有中間商賺差價，但是它本身就是最大的中間商，所以這個世界上不能沒有中間商。

全球知名行銷大師菲利普・科特勒（註：Philip Kotler，美國西北大學凱洛管理學院國際行銷學名譽教授），透過圖表2-8來描述中間商。

從圖表2-8可以看到，如果沒有中間商，每個消費者都會被騷擾六次，而有了中間商則只會被騷擾三次。因此，從2C到2B，最重要的是服務原來的中間商，所以S2B是創業服務的行業。

圖表 2-8　中間商

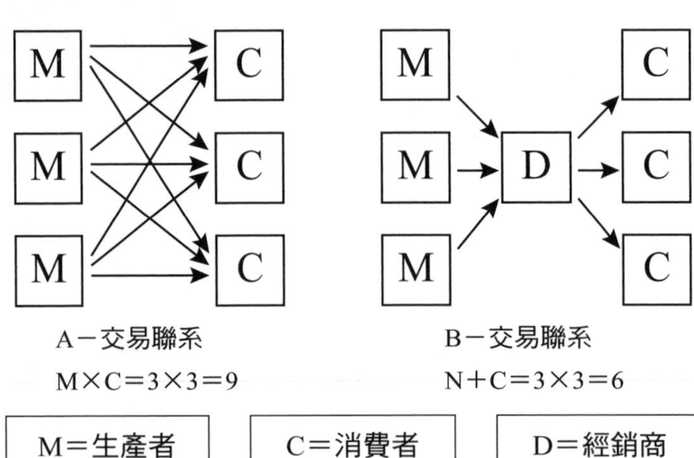

基本上，S2B可以分為四個名詞：供應鏈（Supply Chain）、服務（Service）、線上下載服務（Saas）、銷售（Sales）。這四個名詞是S2B核心的構成，因此過剩時期的經濟發展將從生產的規模化，轉向實現服務的規模化。

過去我們只解決生產的規模化，但是今天大量生產帶來產能過剩，所有行業都有產能過剩的問題。

S2B要解決服務的規模化，進而大量地創造更多高品質的服務，所以S2B是一場服務業的革命，利用行動互聯網工具為個人提升能力，實現服務的社會重新分工，實現服務業的規模優勢，並在這個過程中實現分能、分工、分潤。只有這樣，才能讓過去過剩的產能得到全面轉型，而S2B是顛覆霸權主義的唯一機會。

❖ 互聯網上半場的本質是流量入口之爭

過去是社群缺賦能、缺供應鏈產品賦能、缺行銷平台賦能、缺培訓體系賦能、缺平台系統賦能、缺大數據賦能等等，而全鏈路賦能可以產生以下結果：

1. 前端

①物流：不用談協議，無須填寫發貨單。

②供應鏈：掌握大品牌低價貨源。

③倉儲：不囤貨，不提前打款（轉賬到支付寶帳戶）。

④財務：自動結算利潤，自動交稅。

⑤資訊流：即時共享倉儲、訂單、物流、返利等資訊。

⑥保險：保險公司承諾，規避貨物遺失、產品安全等潛在風險。

⑦ＩＴ系統：完善的配銷、裂變、展示、支付商品管理、訂單資訊等ＩＴ功能。

⑧手續：無須自己辦理工商、稅務等手續。

2. 中端

①策畫：專業策畫團隊針對不同產品定位，描述最佳賣點。

②文案：專業文案針對不同人群與場景，寫出行銷文案。

③設計：專業設計師全面美化包裝產品宣傳素材。

④流量：互推、導流、購買等多種流量服務，説明小Ｂ從〇到一。

⑤培訓：講師團隊針對不同小B的需求，指導社群營運、粉絲裂變、行銷傳播等知識和技能。

⑥客服：解決消費者售前的疑問。

3. 後端

①金融：提供各種金融服務，助推小B成長。

②大數據服務：分析資料，挖掘潛在需求，提供更好的服務。

③售後：完善的答疑、退換等售後服務。

④社群營運：組織線上線下活動，幫助小B提升用戶黏性。

⑤供應鏈合作：拓展小B自營產品通路，多角度變現。

互聯網上半場的本質是流量入口之爭，是B2C／C2C，通常採用平台模式來面對消費者，業務量是流量加上轉化，最終達到銷售產品的目標。

互聯網下半場的本質是企業賦能之爭，**運用S2B針對企業或創業者，採用生態共享模式，提供綜合服務，最終達到「優化供給」的目標。**

因此，Ｓ２Ｂ的基本型態，就是航空母艦與戰鬥機的關係。一架戰鬥機若只在天上飛，當柴油耗盡時就會掉入大海，而航空母艦若沒有戰鬥機，也會被攻擊。

這兩者的關係與原來招商加盟的關係不一樣，招商加盟的關係較弱，是我管理你的關係，而Ｓ２Ｂ則是協同合作的關係，兩者缺一不可，才能產生群聚效應。

互聯網進入下半場，做到企業賦能、生態共享才能贏

在互聯網上半場，百度、阿里巴巴、騰訊分別解決了人與資訊的關係、人與商品的關係、人與人的關係。互聯網下半場的目標不再是普通的消費者，變成一個又一個小B。

也就是說，互聯網上半場與下半場的本質發生了巨大變化。

❖流量過大，反而給供應鏈服務帶來壓力

1. 解決的問題不一樣

互聯網下半場解決的問題是：在互聯網上半場，不管是資本併購還是市場拓展，都圍繞流量入口之爭去進行，是流量之爭；而在互聯網下半場，企業與資訊的關係、企業與企業的關係、企業與產品的關係，都圍繞S2B的方向來展開，是企業賦能之爭。

2. 玩法不一樣

互聯網上半場主要是靠B2C、C2C、B2B等一系列的玩法，但是這種玩法帶來的問題是流量成本越來越高，最後導致大家都陷入價格戰，市場形成劣B驅逐良B的狀態。

互聯網下半場則是進入S2B，最大的玩法在於過大的流量不一定是好事，因

圖表 2-9　供需關係

為S2B的核心是從C端的需求出發，來優化整個供應鏈，可能更大的流量反而會給S端帶來巨大壓力，導致無法妥善處理產能和供應穩定的服務。

然而，S2B可以優化過去的供需關係，使供需變得更加平衡，讓供應鏈提供穩定的服務（見圖表2-9）。

❖ 創業者由C變成小B，具備企業的能力

3. 焦點不一樣

由於過去B2C、C2C、B2B高度依賴流量，變成了優化供需關係，進而更加滿足C端個性化的需求，互聯網上半場的焦點是圍繞C展開，而互聯網下半場的焦點是圍繞創業者展開。

在中國政府提出「大眾創業，萬眾創新」的背景下，很多創業者由以前的消費者C端轉化成小B。B可能只是一個人，但是他具備過去一家企業應具備的所有智慧，包括製造、傳播、行銷、推廣與品牌，所以今天中國品牌的發展方向也發生變化。

品牌與消費者之間過去是上和下的關係，但現在變成平行與互動的關係。尤其是九〇後買東西時，可能不關注商品的品牌，或是某個大明星代言所代表的高

格調，而是更關注這個品牌有哪些我認同的人在使用。因此，很多創業品牌由商品品牌變成社群品牌和個人品牌。

創業者具備了絕大多數以前企業都具備的能力之後，因為社會分工的高度細緻化，很多創業者不具備所有的能力，因此更加需要S端來為他賦能。

❖ S端要能根據需求，提供綜合服務

4. 模式不一樣

過去互聯網上半場，不管是B2C、C2C還是B2B，都是平台模式，它們的本質是加速平台雙方或多方的交易，並為這種交易提供服務，而平台的獲利模式往往是賺取服務費。

在今天高度依賴流量的背景下，B2C與C2C都面臨平台競爭趨向白熱化，於是平台的獲利模式比較單一，所有電商平台的流量推廣費基本上都占整體營

運成本的二五％至三五％，行銷成本和流量成本更高，所以很多商家在線上開店越來越不划算。當流量成本加上產品成本加上營運成本累積，商家已經賺不到錢時，平台方的收益模式就變得岌岌可危。

那麼，平台除了分成（按比例分配所得）、押金及廣告費之外，還能夠開拓出什麼樣的服務呢？

這就是互聯網上半場B2C與C2C遊戲規則現今遇到的最大挑戰，而下半場的遊戲規則和模式不再是平台模式，而是生態共享的模式。

S端不僅提供產品，更重要的是可以提供綜合服務，例如：根據用戶的關聯需求，來提供供應鏈、通路、物流、客服、售後、金融、流量推廣、行銷教育、培訓、產品策畫及大數據等一系列的服務。

這些服務顯然不是一個企業可以完成，必須依靠S端整合一系列能服務B端的企業，來為小B賦能。供應鏈的上游、中游和下游的管理是非常複雜的：

1. 上游包括市場調查分析、研究開發、原料採購、生產製造。
2. 中游包括品質管控、物流倉儲、配銷批發、市場營運。
3. 下游包括零售、資訊回饋、售後客服等一系列服務。

整個供應鏈中，光是產品這一條就非常複雜與漫長。

如果再往上，還要涉及原料等一系列要素，這將會是一條更複雜的供應鏈。如果涉及跨境就更加複雜，包括海關、關檢、倉儲、關稅等一系列服務內容。因此，產業鏈的上游是重資產業務，需要大資本的並購、整合才可以完成。

但是，上游門檻越高，意味著能力越強，供應鏈下游對於小B的要求就變得越低，這也是今天很多微商經營遇到巨大障礙的本質原因。

微商下游發展得太快，但是上游為小B賦能的部分，例如：機制、培訓、產品反覆運算、供應鏈服務、價值觀宣導等一系列都跟不上腳步，所以微商再往下發展必然要走向S2B的基本模式。

❖傳統電商爭奪流量，S2B重視服務

5. 業務邏輯不一樣

上半場的業務邏輯主要是爭奪流量入口，流量進來之後，再進行商品轉化，關注的焦點是交易。下半場的S2B更加關注賦能、資料和綜合服務，對於小B的能力變得更加豐富多元，包括現在阿里巴巴的系統服務型態和收益型態的出現，說明了阿里巴巴身為中國最大的小B服務商，已經認識到互聯網下半場遊戲開場的真實現象。

菜鳥提供物流倉儲服務（註：菜鳥為中國物流公司，創立於二〇一三年，由阿里巴巴、聯合銀泰商業、復星集團、富春集團、順豐等，以及相關金融機構所共同組建，啟動「中國智能物流骨幹網CSN」專案），螞蟻金服提供金融服務，還可以提供流量推廣服務（註：螞蟻金服成立於二〇一四年，為專業服務微型企

業與普通消費者的網際網路金融服務公司），而淘寶大學電商則提供行銷培訓服務。

整個服務都變成了未來為小Ｂ創造價值的綜合性服務，意味著獲利模式變得更加多樣化，進而有別於原來的Ｂ２Ｃ、Ｃ２Ｃ、Ｂ２Ｂ的簡單獲利模式。因此，**互聯網上半場是流量入口之爭，下半場是企業賦能之爭，這就是互聯網上半場和下半場遊戲規則的本質區別**。

6.分配方式不一樣

上半場平台模式的流量來自廣告，權力集中，分量更重，而下半場生態共享模式的流量來自社群裂變。上半場平台賺走八〇%，分二〇%給其他，而Ｓ２Ｂ模式的重點，在於更大規模的供應鏈，開發更多的生態服務收益之後，將分給Ｂ更多。

想成為小B創業者？你不可不知的S2B零售模式

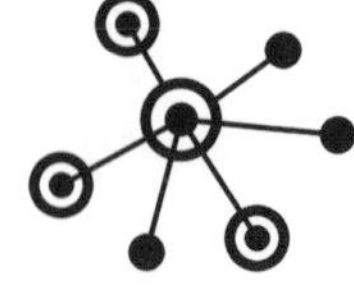

阿里巴巴集團的曾鳴，在某次關於天貓智慧供應鏈的演講中，提出S2B這個新概念，這是他對於新零售和新商業未來的創新思考。

在S2B中，大的供應鏈服務平台要為小B提升能力，來幫助小B服務客戶，這不是傳統意義上的招商加盟，要做的是供應鏈服務平台的創新與協同網路。只有在越來越廣大、越來越緊密的協同網路基礎上，才能走向整個C2B這個未來的重要商業模式。

C2B的實現需要很多要素。舉例來說，張大奕參與的如涵電商（註：如涵控股號稱「大陸網紅第一股」，以簽約、培養網紅從事電商銷售，來賺取收入），可以透過某種方式，讓小範圍裡用戶的個性化需求得到供應鏈的回應，但是很難實現大規模的C2B。

過去談C2B或是B2C時，B2C觀念上只是在講電商。然而，在逐漸走向C2B的過程當中，需要一個過渡階段，未來必然將會出現一個很重要的商業邏輯，那就是S2B。

二〇一六年左右，全球跨境電商的商業型態開始飛速發展，而在二〇一四至二〇一五年，中國的微商快速崛起。由此我們可以看出一個規律：社群電商正在變成一種非常重要的觀念。

為什麼今天我們會認為S2B與社群電商有關係呢？

❖人們希望用更低成本創業，還能獲得資源

微商是一種早期型態的社群電商，用戶既是消費者，也是傳播者和銷售者。

但是，後來微商之所以出現很多問題，是因為供應鏈本身沒有很好地解決產品品質、產品反覆運算、產品種類、後續服務問題。因此，從微商一・〇階段到二・〇階段，經常採取的是人傳人、一種單品有很高溢價，得經過很多層級，背離了最開始社群電商的本質。

今天什麼沒有變？我認為「分享經濟」沒有改變，人們依然追求能以更低成本來創業，並且得到大平台的支持與賦能。現在，中國正處在消費升級的大視窗期，需要深耕消費升級與信任市場，因此在微商中傳統的透過裂變獲取顧客、朋友圈分享模式仍然管用，低成本快速獲取用戶也非常有用，透過購買商品分享、配銷獲得經營者的能力，但現在難點在哪裡呢？

在於精選商品來統一全球性的優質供應鏈、持續的內容輸出、對小B的支持和賦能的難度，都變得越來越高。到底誰能解決這些問題？誰將是未來S2B領域中的領導者？

平台方面該如何好好服務小B？**小B是一個個體，今天這些小B不一定是一**

家企業，可能是一位主婦、在家開設淘寶店的小老闆，也可能是想創業的人，他們需要持續反覆運算的供應鏈能力，還需要培訓、行銷、方法論等一系列的內容服務。

很顯然地，在傳統商業中，無論是單品還是企業，供應鏈都無法滿足小B，因為單品的好處是可以採取單品爆款的模式，但是單品也有缺陷，對於留住客戶，持續降低成本、形成積累效應來說，是非常不利的。所以，很多的微商團隊總是分分合合、聚聚散散。

❖ 創業門檻降低，人們都將成為小B

然而，小B都在解決一個問題：誰能夠持續為他們賦能？這種賦能包括了供應鏈的反覆運算？

品質保證、培訓服務、內容支援及資料方面的服務，這將成為未來社群電商的一種全新型態。誰掌握優質的供應鏈、良好的服務鏈，誰就能掌握未來Ｓ２Ｂ社群電商的商業型態，誰就能持續為他們賦能，包括Ｏ２Ｏ的互動、實體落地、供應鏈金融、金融服務等。

社群裂變包括了培訓團隊的商業計畫、產品與品牌的地面促銷或是線下推廣等，只有這樣，才能搭建一個基於Ｓ２Ｂ的業務拼圖，才能搭建起從電商到貨、人、生態的完整閉環商業體系，真正把朋友圈裡的消費用戶，把職業的供應鏈團隊、專業的行銷服務團隊，甚至是金融服務團隊，完美地整合在一起。

把陌生的粉絲轉化成用戶，把好的用戶轉化成店主，透過店主的分享讓消費用戶持續購買，完成持續性的創業平台。因此，創業門檻的降低意味著所有人都將成為小Ｂ，但這些小Ｂ都收編到一個整體規模較大的供應鏈體系內被賦能，在原來的微商模式中進行全面升級。

❖社群電商不斷進化，既提供商品又賦能小B

未來的社群電商將持續演進，但是會以S2B的模式呈現。S2B就是一個大的供應鏈服務平台，這個供應鏈不僅提供貨品和商品的多種選擇和反覆運算，也要提供行銷、培訓、線下推廣、金融及品牌等一系列的賦能支持。

傳統的微商將被淘汰，因為它從供應鏈能力到其他的賦能能力，都無法滿足今天的小B創業需求。單品或系列品的模式將逐漸被取締，因為這很難獲得高頻率和持續的消費，導致產品成本越來越高。

當前已進入社群經濟的全新時代，希望讀者能透過S2B模式獲得一些新的啟發，因為C2B模式是對傳統工業時代B2C模式的根本顛覆，也是商業創新的重要工作，但是在大規模實現C2B的過程中必然經歷S2B。如果說C2B是共產主義，S2B則是社會主義，S2B將成為這個時代的領跑者。

重點整理 02

- 當資訊氾濫、使用者無從選擇時，會突顯出搜索的價值，而當價值資訊需要適配時，人工智慧推送的價值就會體現。
- 越來越多的小B需要做的是個性化，用自己在社群中的位置與個性化的能力，去服務不同類型的社群。
- S是指供應鏈服務平台，而供應鏈服務就是從產品研發、取得原料開始，到最後交付給消費者的一連串服務。
- 品牌與消費者之間在過去是上和下的關係，而今天變成平行與互動的關係。
- 互聯網上半場是流量入口之爭，下半場是企業賦能之爭，這就是互聯網上半場與下半場遊戲規則的本質區別。

NOTE

NOTE

NOTE

第3章

商業巨頭各顯神通，爭奪新零售主導權

京東布局百萬個線下商店，在打什麼算盤？

京東是電商的第二大巨頭，二〇一七年四月十日，劉強東公開宣布五年內將開設一百萬家便利商店的計畫，瞬間引起熱議。河北任丘市辛安莊第一家京東便利商店正式開業後，不到半天時間，店主準備的半個月商品庫存全部被搶購一空，京東便利商店真的人氣大爆發了嗎？

或許你不願意相信，但這是事實，實體店家正以我們無法想像的速度逆襲傳統市場，並搶占地盤。

❖京東便利店爆紅有四大原因

實體店家與傳統便利商店是一樣的，只不過前者完全按照標準的京東便利商店來統一形象。所以，在這樣的背景下，京東便利商店的火爆程度讓很多人都大吃一驚，不敢相信實體店家竟然毫無徵兆地突然大爆發。

人氣大爆發背後的原因，究竟是什麼呢？

1. 打通供需兩端

傳統便利商店一直受制於人，商品的價格、日期、品種都受到代理商控制，有時候貨量少、不送貨，而且需要自行提貨、囤貨。京東設倉儲、做物流、管價格，透明、公開、齊全，不僅繞過地方代理，而且不需要進貨，未來進貨還能打白條，甚至打通供需兩側，實現零庫存。

2. 價格公開透明

近幾年城市物價飛漲，農村更是如此，小店鋪老闆隨意漲價，價格也不透明。京東從一袋速食麵到一台空調的價格都是公開透明，甚至比標準價格更便宜，打通了城市與農村價格資訊的不對稱。

3 不賣假貨

今天的假貨重災區主要是農村，康師傅叫「康帥傅」，雪碧叫「雷碧」，而這次假一罰十、一〇〇%的貨源保障，一舉殲滅這些造假賣假的商品。

4 設點布局

對郵政與四通一達（註：為申通快遞、圓通速遞、中通快遞、百世匯通、韻達快遞等五家民營快遞公司的合稱）很危險。如果一百萬家的京東實體店家實現了，就相當於擁有一百萬個京東的節點終端，直接威脅了在農村覆蓋最強的郵政，以及壟斷農村的四通一達。

「麻雀雖小，五臟俱全」這句話，放在便利商店上非常合適，便利商店正在成為新零售的風口。或許有人不信，但是這絕非偶然。因為除了京東之外，更多的電商巨頭已經開始全面布局線下的實體店家，新零售已成為京東、阿里巴巴、小米、家樂福、沃爾瑪等傳統電商巨頭的重點競爭領域。

二〇一六年十一月，阿里巴巴入股了三江購物，讓淘寶便利商店在進入杭州、上海之後，借助三江進駐寧波。二〇一七年五月，阿里巴巴拿下擁有三千六百多家店面的聯華超市，這表示要把上海做為新零售的實驗場域。

❖供應鏈要求標準化，對小B要求個性化

不管是阿里巴巴還是京東，都在做同一件事情：挾著自有供應鏈的優勢，

用自己的Ｓ端去全面提升線下的小Ｂ能力，讓小Ｂ得到供應鏈服務平台的支持，驅逐原來存在的中間商、代理商等不合理的中間環節，提高效率，並同時扼制假貨，讓資訊更加對稱，讓線上和線下連動起來。

今天大家為什麼都願意用Ｓ２Ｂ的方式去突擊，因為大家都更加關注線下流量。線上的流量紅利期已經徹底過去，整個流量關係已經從線上走到線下。從投資的角度來看，現在更應該關注誰擁有線下的流量。

除了京東、阿里巴巴之外，全球時刻（註：被稱為社交版的淘寶，透過跨界合作，為社交電商賦能）做為Ｓ２Ｂ的新型微商社交平台，也在全力布局線下實體店家，因為線下的流量紅利還可以重新拉動新型態的成長。

7-11是享譽國際的便利商店品牌，但實際上其商業模式也是Ｓ２Ｂ，7-11透過供應鏈為每一家小型店面提升能力，讓每一家店面都能夠獲得更好的支持，讓他們專注在整個服務當中。

S2B有一個很重要的特徵：對於供應鏈端要求標準化，對於小B端要求個性化。供應鏈端從採購、物流、研究開發、倉儲，到後面整個環節的配送，都要標準化，才能形成供應鏈的服務網。小B分布在不同區域、甚至不同社群，而且每個小B都要具備個性化的能力去服務C端。

因此，S2B的核心，就是透過供應鏈的標準化服務為小B提升能力，讓小B可以實現個性化的服務。

微信推出新功能，讓九億用戶不知不覺變成主顧

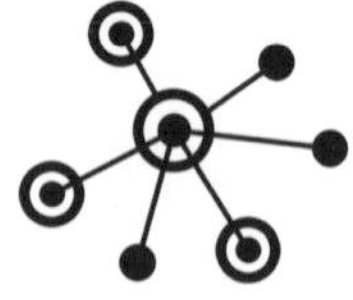

其實，微信已經覬覦電商很長一段時間，並且一直從多方面布局S2B（用供應鏈服務平台去服務小B），從社交、內容、支付，到小程序與搜索，持續搭建多元生態。

但是，這些布局經常被業界扣上「戰略競爭」的帽子，例如：

「小程序」是在震懾淘寶（註：「小程序」不需要下載安裝，即可以在微信平台上使用，主要是讓企業、政府、媒體、其他組織或個人的開發者在微信平台上提供服務）。

「看一看」是在回應今日頭條（註：「看一看」讓使用者可以在「好看」的頁面，閱讀好友覺得好看的文章，或是在「精選」中刷看文章）

「搜一搜」則是在挑釁百度（註：「搜一搜」讓使用者可以直接透過熱詞搜索對應的文章，而且每個熱詞後還有相應的微信指數）。

根據一位業內人士透露，微信的布局並非像大家解釋得那麼刻意，只是按部就班釋放自己的能力。微信的每個動作都會引起整個社會，尤其是電商業領域的高度關注。

然而，有一個資訊確實值得持續關注：微信小程序已經開閘洩洪，率先受益的就是電商店家。微信首先邀請旗下投資的電商公司，參與名為「推廣內測」的專案，接著實現了搜索的功能。當用戶在搜一搜中輸入商品的關鍵字之後，就能直接呈現所有以小程序為載體的結果，而每個搜索結果都直接跳轉到詳細說明小程序商品的頁面。

❖微信祭出小程序，正式揮軍S2B領域

二〇一七年六月初，微信開始無條件開放小程序的二維碼，所有人都可以使用小程序（Mini Programs）。微信正式布局S2B，所有的商家都可以用小程序線上線下的商業功能，去武裝自己的團隊和店面。

這裡有一個名為「顆粒度」的關鍵字，**「顆粒度」是電腦領域中經常使用的名詞，是指我們在一堆資料中搜索的資訊，能以多大的方式呈現出來。**

舉例來說，如果呈現一家公司，顆粒度就非常大；如果呈現一個店家，顆粒度就小；如果呈現一個具體商品，顆粒度就更小。微信已經開始實現商品搜索，顆粒度極為細小。如果各位讀者不太理解，可以自行參考淘寶的搜索畫面。

在此之前，微信搜索從來沒有與購物和電商直接發生關係。從發展的歷程來看，可以發現微信具有以下的特色：

1. 用社交籠絡九億的社交用戶。
2. 透過微信公眾號創造大量的內容，成就更多的個人。
3. 強化微信公眾號以小B為主體的群體，微信現在已經有一千五百萬的公眾號，意味著有一千五百萬家小B，其中不包含個人帳號。
4. 透過微信的社交流量，衍生出一個新的商業型態——微商。

從微信一系列嚴打微商和高度警戒的紅線可以看出，微信開始厭倦自身的「微商沃土」定位，準備改變這樣的局面。

騰訊宣布，在微信的事業領域之下，成立搜索應用部，其中包括小程序、閱讀推薦、資料應用，而且搜索應用部直接向張小龍彙報（註：張小龍被譽為「微信之父」，先後開發Foxmail、QQ電子信箱和微信，現任騰訊公司高階副總裁，負責管理騰訊廣州研發部）。這個訊息顯示了微信對搜索的重視，同時也引發了外界對微信野心的熱議。

微信真的只是需要在行動端，構建一個新的搜尋引擎嗎？當年淘寶直接遮罩百度搜索，原因是百度搜索中的產品搶占淘寶在自有平台中的廣告費。目前，微信與淘寶之間仍然是互相遮罩，微信把搜索的顆粒度變成能直接搜索到一個商品，可能會改變今天京東和淘寶天貓雙強爭霸的局面。

❖中小店家被迫參與巨頭們的促銷戰

在二〇一七年的六一八中，很多中小型商家被幾個巨頭綁上戰車，不打折不行，打折也不行，因為不打折會失去獲取流量的機會，而打折會製造立即的虧損。因此，很多中小型商家非常為難，一直被幾個巨頭綁在戰車上，並且一定要從A方案與B方案當中做選擇，而沒有第三個選擇。

但今天，微信的搜一搜功能可以直接搜索商品，將帶來一個巨大的改變。舉例來說，在搜一搜當中輸入「口紅」和「水果」，第一順位出來的分別是投放廣告的小程序蘑菇街（註：MOGU INC，專注於時尚內容、產品及服務的社交媒體和電子商務平台）和拼多多（註：將娛樂社交的元素融入電商營運中，透過社交加上電商的模式，讓更多使用者樂於分享全新的共同購物體驗），而這兩家企業都是騰訊投資入股的電商相關企業。這個功能帶來一個巨大的改變，就是「左踢淘寶，右打頭條」。

左踢淘寶是什麼意思呢？**淘寶是一個奠基於購買（BUYING）的電商平台，所以只關心購買；而微信想強調的是購物（SHOPPING）**。購物與購買有很大的區別，購物對社交更加關注，是在有動機、甚至沒動機的狀態下，到最後產生購買的過程。

淘寶呈現出數以千計的同一種類、不同產品的選擇，把人們帶入一個理性消費的狀態，而一般來說，當消費者產生動機之後，才會進行淘寶搜索或產品選擇，再進行比價。

相對地，購物是消費者在沒有動機的情況下進行消費，例如我們看一篇文章時，覺得其中談論的東西很不錯，原本並沒有想買這個東西，但是受到這篇文章影響，最後下手購買，這就是一個購物的過程。因此，購物非常依賴良好的社交、內容、支付手段，以及垂直搜索的能力，也相當依賴有效的資訊推送（註：在網路上定期傳送使用者需要的資訊），所以購物對於內容的要求非常高。

❖社群行銷有人、貨、場、情與理五大原點

在這樣的背景下，用微信的搜一搜來搜索商品，具有以下幾點優勢：

第一，在今天電商平台的價值窪地（相對於周邊區域更加便宜）日漸稀薄的情況下，嗷嗷待哺的商家需要微信這種生態平台。從宏觀角度來看，中小型商家已經厭煩了被幾個巨頭綁架的局面，很渴望有新的生態平台。

第二，一般來說，騰訊一直秉承著相對比較開放的態度，這也會吸引合夥人

的迅速靠攏。

第三，微信的使用場景符合行動購物的習慣，帶著九億用戶殺入行動電商，可說是水到渠成。最重要的是，微信現在布局的資訊推送具備更大的優勢。雖然今日頭條也在布局「內容＋廣告＋電商」，但是微信在流量和電商的布局顯然更勝一籌。

微信擁有非常全面的場景資料，它採集資料的維度涵蓋了我們的閱讀和社交。這意味著，微信對於普通消費者的偏好判斷，遠遠優於其他單一場景的資料平台，而且微信未來的運算結果絕對不會輸給淘寶、今日頭條及其他電商平台。因此，微信的搜索機制不只體現在資料全面，還有對於演算法方面的把控。

以小程序的搜索演算法為例，關鍵字是一個很小的係數，更大的權重是用戶行為。就用戶體驗而言，如果微信能夠做好營運、物流、客服、售後等一系列電商領域中很重要的事情，顯然會帶給用戶更好的體驗。對於中小型店家來說，這是一個非常重要的機會，這個機會將改變今天電商的模式和格局。

微信從流量到內容到社交工具，再到資料的支援，能夠提供營運以外的一系列事物進行更好的賦能，電商格局已定。在這樣的背景下，**想在存量市場中改變人、貨、場的競爭模式，就需要挖掘新的流量或是改變現有流量的分發模式**，而微信開發的商品搜索把以上兩點都包含在內。

一般而言，社群行銷有五大原點，簡單來說，就是人、貨、場、情、理。關於人、貨、場，大家不難理解，就是什麼樣的消費者，消費什麼樣的商品，以及在什麼樣的場景下消費。至於情、理，講的是原點精神和原點功能，微信在這一點上顯然會比其他電商平台做得更好，因為微信擁有大量用戶。

❖解析用戶社交狀態，推薦內容更精準

用戶如何社交，進入哪些社群，看了哪些內容的資料，微信會更加了解。可

以預期的是，在後端的人工智慧和資料分析層面，微信因為擁有更多維的場景優勢，會比其他平台提出更好的推薦。

當微信全面啟動搜一搜的功能時，人們將進入一個由微信主打的商品推薦時代。配合一部分微商人際社交的信用基礎，最後形成既是自上而下，也是自下而上的信任體系。微商的發展也在搜一搜功能全面開放後，進入一個更加規範的時代，而簡單透過刷屏（洗板）已經沒有效果。

京東、天貓互打，店家與其被迫選邊「戰」，不如……

「雙十一」是中國一年一度的購物狂歡節，與此相較，「六一八」成為京東的主場。大家知道這種狂歡背後意味著什麼嗎？

這意味著眾多電商企業需要全面參戰，包括天貓年中大促銷搶占海外購、國美（註：國美電器官方網上商城，中國領先的專業家電網購平台）「六一八」決戰家電、一號店更是大張旗鼓地宣傳低價保衛戰。

因此，在二〇一七年四面強敵環視的京東「六一八」主場比賽當中，出現了一個局面：大促銷雖然如火如荼地進行著，但京東和天貓開始互掐。在這種互掐的局面下，消費者可高興了，因為這是給消費者優惠的狂歡。

但是，在京東與天貓互打相殺的背後，是京東與阿里巴巴，或是騰訊集團與阿里巴巴集團這兩個巨大陣營的一次集中大對戰。

二〇一七年六月七日，京東爆發了數百商家在毫不知情的狀況下被強迫促銷，無法更改價格，也無法更改庫存。不久後，天貓小二開始威脅天貓平台上的商家，要求他們進行二選一，而且要商家發微博、發公告，指責京東鎖定後台。

六月十四日，京東開始舉報阿里巴巴旗下的天下網商誹謗京東，天下網商反擊說事實就是事實，還有更多料沒爆……。

面對天貓提出的二選一，京東直接放出了撒手鐧：免除商家三年傭金和平台使用費的。所以，這場對戰雖然創造的是一個全民購物日，但是背後受傷的卻是中國數以千萬計的中小型商家，這些商家被綁架在京東和天貓的戰場上，以及騰訊系和阿里巴巴系的戰車中。幾乎所有的主流電商平台，像是國美、蘇寧、一號店、唯品會等，都被綁上了巨大的戰車。

為了依附平台衝流量，店家只得委曲求全

每一次「雙十一」和「六一八」大促銷，都是中國數以千萬計的中小型商家最受傷的時候，因為他們進入進退兩難的局面：不促銷意味著錯過了獲得流量的最佳時機，但也意味著虧損，而今天中小企業無論是在哪個電商平台都患上了流量饑渴症。在互聯網上半場B2C的遊戲規則中，核心是抓流量入口。

不管是阿里巴巴還是騰訊，今天都成為互聯網的流量地產商，其主要獲利模式也是販賣流量給中小型商家，而中小型商家的利潤空間、生存空間被一再壓縮。因此，在這樣的局面下，我們看到傳統互聯網上半場競爭，因為流量的爭奪，導致今天行動互聯網端的中小型商家的流量，以及推廣層面的成本普遍在三〇%以上，而且在被巨頭戰車綁架之後，更是越衝越高

因此，今天行動互聯網端的經營環境已經越來越差，本來可以在整場戲中擔當主演的角色，卻被各大神仙綁架。那麼，誰來維護中小型商家的選擇權呢？為

什麼中小型商家要被巨頭綁架，參加這場促銷大戰？

其原因在於，巨頭掐住了中小型商家的命脈，不惜惡化供需關係，促成劣幣驅逐良幣的局面，進而迫使中小型商家在巨頭的博弈中充當棋子。這些巨頭甚至逼迫商家二選一，以流氓霸道的行徑脅迫中小型商家。中小型商家為了依附平台，以及衝流量，只能硬著頭皮配合。

在這樣的背景下，商家只要仍然在平台上，流量只能透過平台來獲取，於是不得不按照平台遊戲規則來做。這看起來是合作，其實是霸王條款，是今天中國中小型商家的無奈之舉，只有他們自己知道暗地裡流下多少淚。

互聯網上半場是流量思維，而流量思維導致供需關係惡化，以及劣幣驅逐良幣。京東成為這場比賽的主角，也成為眾人鎖定的目標，將產品做到既廉價又高性價比。但是羊毛出在誰身上呢？

❖依靠平台獲取流量，不如培養自己的粉絲

羊毛出在中小型商家的身上。不知道「六一八」之後，有多少平台商家將黯淡退出電商市場，又有多少商家因為不堪負荷，而最終變成神仙打架後的炮灰。中小型商家是想「大眾創業，萬眾創新」，他們要求的是平台能夠為中小型商家賦能，能夠真正地服務中小型商家。那麼，誰來為這些中小型商家服務？

我認為未來的方向取決於中小型商家，首先要變換思維，第一個是：難道流量代表一切嗎？難道流量只能透過仰人鼻息，在巨頭的平台中透過巨額的虧損和推廣費來獲得嗎？其實不然，今天互聯網的流量紅利早已過去，電商成長率連續四年下滑，證明絕大多數的消費者進入互聯網，只不過是被圈在各個巨頭的平台中。

相信很多人都感到疑惑：流量是否屬於京東？是否屬於淘寶？是否屬於天貓？其實不然，消費者需要的是能夠參與其中、商品物美價廉，而且最好能獲得

收益的經營方式。

所以，在流量成本越來越高的情況下，與其**一味地依靠平台獲取流量，不如從現在開始把流量截住，把平台過客沉澱為自己的粉絲，並且培養粉絲。同時，將客戶的管理與維護做得更精緻，經由深挖老客戶，裂變出更大的流量。**今天，無論從事任何形式的電商（例如跨境電商），都必須透過新型商業型態，從現在的巨頭中把流量轉移過來。

因此，可以運用S2B，獲取今天京東、天貓、唯品會等一系列巨頭無法提供給商家的服務。「天下要看民心，民心所向大勢所趨」，無論天貓、京東有再多的價格戰、再多的人造節日，所有的法都是不斷惡化數以千萬計的中小型商家的經營環境。其實，流量除了可以從京東、天貓等巨頭手下獲得，還可以透過其他更多的方式獲得。因為今天消費場景在轉移，人們的內容消費轉移到了線上，所以電商交易的場景逐漸實現社交化、內容化、場景化和零碎化。

❖用內容和服務提升流量的忠誠度

如果我們利用微信的流量和朋友圈的裂變屬性，打造商家專屬微信公眾號，建立具有商家會員服務、老客戶管理與活動推廣、店鋪引流等全方位的一站式自有平台，並創立一套閉環機制，那麼粉絲、流量、轉化、銷售等問題必然將迎刃而解，讓商家自有通路和流量池的建立得以擺脫平台流量的綁架。

舉個例子，韓都衣舍和如涵電商透過內容電商與社群服務的方式，依託在京東、天貓、淘寶上，而他們自己變成社群之後，可以獲得流量。在流量進入平台，實現高度的轉化之後，會產生忠誠度和強大裂變力，就脫離原來的平台依賴與流量饑渴，進而變成一個能自行創造流量，甚至可實現流量快速裂變的商家。

不管是「六一八」還是「雙十一」，對於中小型商家來說，活動越多，商業環境惡化得越快。由於S2B是真正為中小型商家著想，為中小型商家提升能力的全新商業模式，因此在未來五年將成為店商的新趨勢。

現在我們看到，外面的喧囂掩蓋不住中國互聯網上半場遊戲規則的結束。這些繁華的背後大多是無奈與虛弱，是中小型商家被迫捲入巨頭競爭當中，而流露出的無奈和眼淚。

不論是Ｂ２Ｃ還是Ｃ２Ｃ，它們賣的都是流量，而Ｓ２Ｂ打造的是生態與森林，這是銷售平台與生態賦能平台之間的區別。Ｂ２Ｃ重視的是交易和流量，而Ｓ２Ｂ則是重視賦能，這是殘酷競爭與各取所需的區別。過去Ｂ２Ｃ解決的是賣得更好，而**S2B**解決的是更加好賣，這是銷售商品和優化供給關係的區別。

一個嶄新的時代已經來臨，互聯網上半場閉幕式的鐘聲已經敲響，而互聯網下半場，也就是賦能時代的開幕式已經啟動。透過二〇一七年「六一八」的天貓與京東互掐，我們看到「無邊落木蕭蕭下」的悲涼場景。你是否能懂繁華背後的哀傷？相信如果你是鄉端從業人員，就會理解這一連串的故事。

微信用大數據分析，讓推廣、社群等的玩法更有力

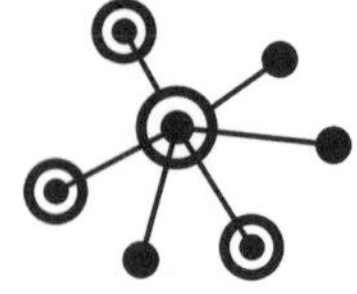

對於微信，很多人可能覺得它只是一個社交軟體，但是微信有社交功能和支付功能，有很多普通用戶累計成今天行動互聯網時代每一個人手機裡幾乎都有的軟體，並且占據了我們大量的時間，但是今天的微信已經劍指Ｓ２Ｂ。

有兩家公司：阿里巴巴與騰訊。簡單地概括，就是馬雲代表讓天下沒有難做的生意，他的使命是代表Ｂ端；而騰訊起家卻是依靠Ｃ端做社交。兩家各有優勢，彼此看起來雖然井水不犯河水，但私底下暗自較勁，從戰略到戰術上都是圖謀對方的市場，以保住自己的位置。

張小龍在微信中推出小程序，為什麼說推出小程序與Ｓ２Ｂ有關係呢？

第一，連續四年中國電商的成長持續下滑，意味著基本上流量紅利已經結束。今天百度、阿里巴巴、騰訊都是新時代的流量地產商，把流量放到平行的世界當中，他們占有流量的分發權。

第二，百度、阿里巴巴、騰訊彼此走向不同的戰略發展方向，百度側重於內容，但隨著人們對個人電腦時代網頁內容依賴度的降低，百度的市值已經下降。

第三，阿里巴巴集團的曾鳴提出Ｓ２Ｂ的概念，並且將Ｓ２Ｂ視為在未來五年，將取代傳統電商的一種新型商業模式。

第四，騰訊在微信當中加入的「看一看」直指今日頭條，設想如果「看一看」和朋友圈的內容已經足夠豐富準確，就不需要下載今日頭條了。

如果「搜一搜」結果就已經非常豐富和實用，就不需要百度和其他垂直內容的ＡＰＰ應用程式。騰訊的這兩步棋，直接將行動互聯網時代人們對內容獲取的流量入口進行切分，因為商業向來都是壟斷的。其實談壟斷並不可恥，微信已經擁有最大數量的用戶關係，因此只要有最大數量、最大限度的豐富內容，就可能吸引到用戶時間，贏得絕對的壟斷。

❖微信不只是社交軟體，而是獨掌流量的托拉斯

所以，微信這個流量的托拉斯，在自己封閉的體系中，把競爭對手百度、頭條的原有核心功能，變成自有封閉體系的內循環，重新獲取新流量的壟斷霸權，所以百度感受到隱藏的威脅。

這種威脅有三個核心要素：

第一，今日頭條的流量在「看一看」出現後，一定會有雪崩式的下滑。

第二，「搜一搜」是為了直指百度，而推出的行動互聯網搜索手段。「看一看」與「搜一搜」這兩個基石，都建立在微信公眾號的基礎上。公眾號對於微信

的意義，就像個人電腦時代網頁對於百度的意義。但是，今天公眾號生態圈也面臨著非常大的威脅，因為在兩、三年前經營公眾號或許還趕得上流量紅利，會引導一大票人從傳統互聯網遷徙到行動互聯網上，從線下遷徙到行動互聯網上。如果你趕上流量紅利，或許現在已是一個專門做內容的大平台。

第三，內容平台的大戰升級，包括百度、頭條等各種內容平台，都直接指向內容。公眾號相當於微信，可說是內容戰略中非常重要的一環。但是，公眾號難在哪裡呢？

如果現在沒有辦法透過公眾號獲得流量，結果一定是已經會做的強者更強，新加入者只能望之卻步而轉投其他平台。因此，微信要給公眾號賦能，那公眾號怎麼才能獲得新的流量紅利呢？

公眾號不能只做為一個媒體來營運，今天即使很多已經擁有海量流量的公眾號也面臨著被刪、退出，或是流量轉化困難等問題。

有時候，即便公眾號有了巨大流量，但依然很難實現有效的商業轉化。想要解決這個問題，必須依靠小程序，所以雖然很多人輕視小程序，但是我認為小程序可以開放新的功能，包括無限數量的小程序碼、更強大的用戶圖像能力及更豐富的資料分析能力，能夠讓原來在微信平台中建立公眾號的小B，提升他們流量變現的能力。

阿里巴巴與微信之間的競爭，一個在線下、一個在線上，阿里巴巴的支付寶透過地面鐵軍，快速占領各種線下交易。

那麼，微信如何因應線下商業支付中，被大量占據而陷於被動的局面？小程序碼是一個很重要的手段。同樣的道理，小程序碼可以迅速地應用在線下實體銷售推廣當中，一個團隊一個碼，甚至一個銷售員一個碼，大家獲得流量和交易轉化就可以一目了然。

❖ 誰能在競爭中為小B賦能，誰就贏得先機

微信群一直是微信的死穴，因為微信群「十群九死」狀態難以持續活躍，但是小程序可以給微信群帶來新的想像空間。小程序可以抓取群的資訊，不同的群會有不同的推廣效果，會有不同的銷售轉化。這些都可以透過後台的大數據進行評估，內容、線下推廣、社群三個玩法都將伴隨小程序資料分析體系的完善逐步浮出水面。

因此，我們看到微商曾經在電商領域發力，想占據服務小B的機會，因為微信知道，在**所有的小C都被趕入行動互聯網的大廣場後，小B的價值反而變得更大，小B就是小C的領袖與節點，一個小B勝過一百、甚至一千個小C**。因此，誰能在未來的競爭中為小B提升能力，誰就贏得下一場行動互聯網戰爭的先發權。

小程序的推出是一個非常重要的戰略舉措，小程序體系的目標是「看一看」

鎖定新今日頭條，「搜一搜」鎖定百度搜索，如此一來，可以為原來在微信體系當中數以百萬計的公眾號和小B賦能。因此，小程序的劍鋒所指，絕對不只是支付寶，而是阿里巴巴的大本營。

但是，張小龍對未來小程序的走向可能還在規畫，所以只是把它放在朋友圈分欄當中的下方位置，讓一些專業玩家先進行把玩，之後再伺機尋找用小程序為小B提升能力的可能性，我們可以期待下一步的動作。

微信開始轉型為S2B，體現在微信的S是流量與內容的供應鏈。這就是「看一看」、「搜一搜」及公眾號對於微信來說，是極為重要的戰略作為的原因。

運用內容與流量的供應鏈，加上小程序的豐富場景化、基於地理位置的多種應用場景手段，來為原來在微信體系中的小B賦能，能夠降低電商小程序的開發門檻，提升其資料分析能力，做到內容與商家的直接對接。也可以透過流量的供應鏈進行流量的傾斜服務，讓微信的生態圈具備更多的變現能力和獲利管道。

所以，我們可以看到，一股隱藏的力量已經在整個市場中活動起來。

一、微信下的第一個電商的「蛋」稱為微商，原本微信希望透過容忍微商尋找電商變現路徑，但無奈「想孵雞，卻孵出鴨」，微商的命運今天已經基本上蓋棺定論。

二、擁有海量弊端的阿里巴巴，已正式提出Ｓ２Ｂ是未來的核心戰略，將不再提電商一詞。

三、微信透過小程序的醞釀切入Ｓ２Ｂ，用流量供應鏈、資料供應鏈、內容供應鏈，來傾斜式地扶持原來微信體系當中的小Ｂ，這種競爭已經暗流湧動。

由此可知，Ｓ２Ｂ已經成為未來非常重要的發展趨勢。我們如何利用Ｓ２Ｂ這個趨勢，進而成為新一輪競爭時代的領跑者，將變得尤為關鍵。

阿里巴巴的強項在於服務小Ｂ，優勢也在於擁有更多豐富的商品供應鏈資源，而微信的優勢在於內容、社交及流量。在一個幾乎勢均力敵的競爭局面中，所有的中小型創業者要思考以下的問題：你所在的行業和領域中，是否有發揮S2B優勢的機會？誰能趕上新一波的賦能紅利、供應鏈紅利？誰將贏得下一場商業競爭？

在智慧物流領域，阿里菜鳥與順豐搶著當霸主

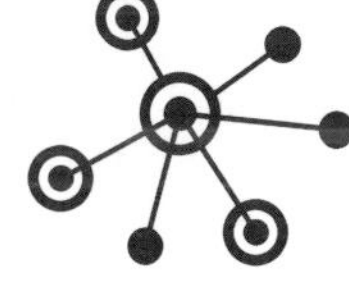

二〇一七年六月十一日，我與清華大學供應鏈與物流協會會長張鈺，針對「物流在未來Ｓ２Ｂ中扮演的角色」，進行深度交流。張鈺是位從事物流業，兼顧實務和研究二十多年的資深物流專家。

物流在以前是一個很容易被人們忽視的行業，因為它扮演的永遠是幕後的角色，但是今天如果離開物流，也就不存在行動互聯網的許多經濟型態。過去物流工作一直被人們認為是髒、亂、差，但是Ｓ２Ｂ趨勢的到來，會讓物流從業者扮演的角色越來越重要。為什麼會這麼說呢？

❖馬雲為阿里巴巴做了三個商業布局

今年菜鳥與順豐因為資料介面之爭，在國家郵政局的調停下雙方握手言和，這一切看似波瀾不驚，但是張鈺指出這只是賽局的開始，絕對不是結局，因為底層基因的衝突並沒有得到解決。那麼，底層到底有什麼基因呢？

首先，從馬雲的整個商業布局來看，他已經為阿里巴巴集團布置了三個重要的網。

第一張網是B2B、B2C的電商格局，現在已經成為中國的老大，壟斷了中國電商的主要市場占有率，唯一能夠與之抗衡的只有京東。在電商曾經風起雲湧的創業當中，今天碩果僅存的也僅剩下京東、唯品會等幾家，電商之局已經讓馬雲穩坐電商江山。

第二張網是螞蟻金服，螞蟻金服其實是一家為小B提供金融服務，為小C提供個人信貸和金融資料服務的公司。現在，螞蟻金服和支付寶已經在支付領域中和微信平分秋色，而且螞蟻金服在小B的金融服務上明顯比騰訊更勝一籌。

第三張網是菜鳥網路，馬雲唯一擔憂的就是這張網。實際上，很多人不了解菜鳥物流，認為它只是簡單的物流，其實不是。用劉強東的話來說，菜鳥就是在通達系（三通一達）與順豐的基礎上構建的物流業大腦。

可能很多人會對此產生質疑：為什麼菜鳥能夠做到這一點呢？

其原因在於，阿里巴巴早就成為中國物流公司最大的發包部門，占據了六〇%以上的快遞訂單，是物流企業最大的客戶，這意味著阿里巴巴對物流企業有著生殺予奪的大權。所以，菜鳥網路的董事長童文紅不斷強調，菜鳥絕對不會做快遞。

但是，很多人可能都知道，菜鳥旗下的「菜鳥裹裹」已變成快遞員，類似滴滴打車司機搶單的工具。菜鳥已從天網（物流資料）、地網（建立在各地的倉儲中心）的連結中，建立一個連接線，這才是與順豐爭奪的核心！

第一，順豐旗下的蜂巢公司與菜鳥的合作協定在二〇一七年三月到期，菜鳥提出新的條件，要求蜂巢把旗下每一天所有的訂單資料回傳給菜鳥，這一點觸動了順豐的核心商業利益。順豐的蜂巢大概每天會有三百萬張的訂單，其中二百一十萬張來自淘系，另外九十萬張來自其他電商系統。順豐是一家市值兩千億元的公司，擁有幾十萬員工、幾百萬平方米的倉儲和幾十萬輛汽車，可說是中國物流業的老大，顯然不可能做到像三通一達一樣。

第二，順豐的背後是招商局、騰訊、京東等巨頭，是具備電商的另一個巨頭基因的公司。

第三，順豐實行直營模式，而三通一達等其他物流公司採行加盟模式。在物流業界，順豐收費最高，不僅是第一家上市的公司，而且市值最高，被視為英雄級的企業。

第四，順豐早年嘗試過駭客（順豐駭客），它不只是物流公司，更像是供應鏈公司。在早年的客戶服務當中，順豐就已經進行上端供應鏈的布局。

❖物流是電商供需之間的關鍵連結

順豐身為物流業的英雄，完全有資格跳出來與菜鳥叫陣，而且已在二〇一五年停掉了淘系當中很多低價產品的物流。順豐因為實行直營模式，所以價格更高、效率更高、品質也更高，對於淘系訂單的依賴遠遠低於像三通一達這樣的物流公司。

因此，順豐與菜鳥之爭，是阿里巴巴集團和騰訊集團體系對於S2B的賦能之爭，在爭奪未來為S2B賦能的權利。

我們看到物流業已率先殺出一個順豐，而順豐這番舉動會不會給三通一達與其他物流公司，帶來新的啟發和感受呢？

由於進入S2B賦能時代的遊戲規則已發生改變，順豐並不依賴阿里巴巴系的流量。順豐過去依賴阿里巴巴巨大的訂單流量，而現在自己具備流量與供應鏈能力，所以能夠脫離對阿里巴巴的依賴。

互聯網上半場的流量之爭造成供需關係的惡化，最後導致價格戰與供需失衡，劣幣驅逐良幣。但是，在S2B時代發生了變化，S2B是供應鏈服務平台協助小B提升能力。在這個基礎上，其中的**物流做為庫存轉移，解決了需求與供給之間的有效連結、快速連結、智慧連結的不可或缺環節，其中的價值將會變得越來越大。**

在這件事情之後，緊接著發生兩件事情。第一件事情是菜鳥與速遞通（中國快遞終端接收櫃市場中占有率第一的公司）完成了投資，該事件背後的意義是菜鳥要與順豐展開進一步的較量。

由於順豐的蜂巢是市場排名第二的快遞櫃公司，因此順豐與菜鳥的爭奪只是剛剛開始，未來的物流一定是智慧化物流。

基本上，倉儲有三種型態可以降低成本：

第一，倉儲在路線上，透過更強的訂單處理能力和更高的物流效率降低庫存壓力。

第二，大數據的計算，透過提前準備實現提前物流，將未來可能產生的物流進行提前準備，透過區域的布局提前倉儲來實現更快的貨物抵達效果，這也是未來物流行業的一個必然發展方向。

第三，透過供應鏈條進行倉儲優化、多倉合一、優化倉儲，以及共享倉儲。

同時，順豐加速了和UPS在跨境電商物流上的重要合作，順豐將逐漸降低對淘系訂單的依賴，開發更多更高價值的電商專案，像是正快速興起的跨境電商對物流的要求，遠遠高於對國內普通電商的要求。

所以，未來的市場將會越來越大，鹿死誰手還未可知。

重點整理 03

■ S2B有個很重要的特徵：對供應鏈端要求標準化，對小B端要求個性化。

■ 購物（Buying）與購買（Shopping）有很大的區別：購物對社交更加關注，是在有動機、甚至沒動機的狀態下，到最後產生購買的過程；「購物」是理性消費的狀態。

■ 一味地依靠平台獲取流量，不如從現在開始把流量截住，把平台過客沉澱為自己的粉絲，並且培養粉絲。

■ 在小C都被趕入行動互聯網後，小B的價值反而變得更大，小B就是小C的領袖與節點，一個小B勝過一百、一千個小C。

■ 物流做為庫存轉移，解決了需求與供給之間，有效連結、快速連結、智慧連結等不可或缺的環節，其價值將變得越來越大。

NOTE

NOTE

NOTE

第 4 章

從生產到服務，新零售模式展現真功夫

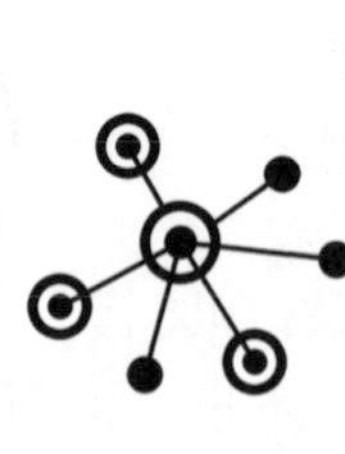

阿里農村淘寶：運用S2B模式，為農產品建立供需平衡

村淘建立了以選品、品質管制、物流能力為核心的供應鏈體系，實現標準化的農產品上架，解決農業發展中的品質、產業升級等問題，為扶貧注入新動力。

如今，賦能這個詞變得越來越熱門，對於企業來說，平台大概經歷了三個階段。

第一階段是管理，類似今天的城管（註：中國的地方執法部門，管理市容環境衛生、違章建築、違法占路、無照擺販等），管理各種小攤小販。

第二階段是激勵，讓付出與收入成正比。

第三階段變成今天的賦能。

眾所周知，村淘就是農村淘寶，是阿里巴巴在各地農村落地的旗艦專案。三年內，村淘從一・〇反覆運算到三・〇，經歷了兩次年貨節的洗禮，收穫頗豐。以村淘為代表的農村電商模式，不僅被寫入政府檔案、成為核心密件，還接連獲得世界銀行、聯合國等權威國際機構的讚賞，深化了雙方的合作。

❖ 阿里村淘改變農村的產銷樣貌

馬雲先是在西溪園區會晤世界銀行行長金墉、阿里巴巴Ｂ２Ｂ事業群總裁戴珊，又在濱江與聯合國助理祕書長拉克什米・普里（Lakshmi Puri）會面。這兩場風雲對話只有一個共同主題：村淘如何改變中國農村，讓農村生活更美好。**要想發展農村，首先要培育農村，日常消費成為資訊技術為農村賦能的最佳切入點，**

農產品面臨一些比較嚴重的挑戰，但是機會也很大。

農業部的資料顯示，到了二〇二〇年，農產品的電商交易額將突破八千億元，年均增速也保持在四〇％左右。現在農產品面臨的挑戰是什麼呢？

第一，產銷資訊不對稱，農村相對封閉、分散，與外面市場隔絕，容易被壓價。我們經常看到，很多地方都是盛產農產品，但卻賣不出去。

第二，農產品比較缺乏標準化，而且缺乏有效的後勤組織。上游的供應鏈組織如何以資訊化、線上化的方式進行後援，是很關鍵的賦能要點。

第三，農產品是個嚴重缺乏品牌化的領域，而且缺乏建立在品牌上的信任體系，不容易獲得消費者的青睞。

第四，農產品的市場流通狹窄，主要是在當地的縣、鄉、鎮銷售，恨難拓展到更廣闊的市場。

想將農產品賣個好價格，必須想方設法，提升村民在供應鏈流通領域中討價還價和博弈的能力。這樣不僅能提升供需對接的平台，更重要的是與在地服務商能否利益連結的課題，也得以解決。

將服務商和農民的利益結在一起，是因為好產品需要透過強力的配銷通路去銷售。服務商的優質貨源離不開村民對農作物的精心呵護，而村民也離不開服務商解決貨源的標準化、品牌化，以及對接供需的通路管理服務。

因此，服務商和村民形成決策主體，解放了農村生產力，村民可以安心種植和養殖，把其他問題交給服務商和政府來處理。

❖透過電商，將農村產品銷往城市

村淘是中國最大的農村電商品牌，其先進的發展模式受到各界的關注，而這個先進的發展模式就是S2B。聯合國、日內瓦等一系列國際化平台，還有東協十國、韓國等一些先進國家都先後組團來取經，他們希望能夠借鑑村淘的經驗，改變自己國家農村的發展狀況。

對於村淘來說，**新的供需平衡模式S2B，可以掃除農產品銷往城市的發展障礙，建立更有效的農產品供應鏈服務體系**。Ｓ２Ｂ側重在賦能，解決當前社會消費的核心問題，也就是供需錯位。之前的Ｂ２Ｃ、Ｃ２Ｃ模式可能會惡化供需關係，而Ｓ２Ｂ可以優化供需關係，讓供需關係不再錯位，商品變得更好賣，而不只是讓商品賣得更好。

在這樣的模式下，村淘改造當地的產業供應鏈體系，與政府、研發機構、大專院校共同建立品質管制標準，並在後端對接淘寶、天貓一些平台商家，為消費者帶來更穩定、更標準的消費體驗，進而提升農產品的銷售能力。

而且，村淘的Ｓ２Ｂ模式也離不開資料和物流的支援。淘係數據可以對消費市場進行塑造和引導，同時切入農業發展對行業生態進行賦能，告訴村民市場具體想要什麼，如何改造供應鏈。舉例來說，一度占據所有媒體版面的盱眙龍蝦節，就是得益於淘係數據。淘係數據幫助農村村民，如何更科學地掌控小龍蝦的產量和品質。

另外，過去比較缺乏物流資源整合，縣域電商的物流通路只延伸到縣城鄉鎮，對於農村的服務幾乎處於中斷狀態。菜鳥透過與協力廠商物流企業合作，使用補貼手段打通了農村的物流管道，使快遞進村得以實現。截至二〇一七年六月底，菜鳥已經進駐二十九個省、近七百個縣、三萬多個村點，擁有三十多個物流合作夥伴，還有三千多輛運輸車隨時待命。

二〇一三至二〇一六年，在阿里巴巴的零售平台上，國家級的貧困縣網路零售額年複合成長率達到了五一%，這樣的經濟拉動效應可見一斑。

在剛才談到的村淘賦能農產品的體系當中，S2B包含了物流的賦能、資訊化的賦能、整個市場銷售平台的賦能，以及資料反過來指導供應鏈的賦能，甚至還有引入國際標準的供應鏈標準化的賦能。透過整個賦能體系，S2B展現了農村電商產品打入全國市場，甚至全球市場。

儘管村淘的投入極為龐大、成效顯現較花時間，被外界調侃為吃力不討好，但村淘還是願意耐心地一點一滴去做，這也是立志成為國家企業的阿里巴巴，主動承擔的社會責任。

馬雲在村淘起步之初就表示，把開拓農村市場做為戰略目標，絕對不僅僅是阿里巴巴的戰略，也絕對不是阿里巴巴的成功。如果只是阿里巴巴成功，農村不可能會成功，這應該是整個社會的成功。

相較之下，京東一百萬家便利商店要進入中國四、五線的鄉鎮。由此可看到，不管是京東、騰訊還是阿里巴巴，其戰略都已經全面進入落地實施的階段。

遠大住工：開發裝配式建築，建構完整的供應鏈服務體系

近年來，S2B是一個風起雲湧的全新商業模式和主要趨勢，已有新氧、全球時刻、雲集等一系列在服務業和零售業做得非常出色的案例（註：新氧是一個高人氣醫美網站和手機APP，提供整形、微整形、鐳射美膚、牙齒美容等社群的評價和線上特賣，平台上有五千家整形醫院與超過一萬五位整形醫師）。但是，恐怕很多人都想像不到，還有一個行業也在用S2B模式進行創新，那就是住房建築產業領域。

遠大住工的董事長張劍，近年提出一個觀念：用十五天建造一棟百年別墅。為什麼可以在十五天內建造一棟百年別墅呢？簡單來說，遠大住工是中國第一家

實踐建築工業化的企業。

❖從空調起家，成功發展建築工業化

近年來，中國提出大力發展建築工業化，但是建築工業化有很多限制和技術門檻，而剛好遠大住工的董事長張劍是科技研發人員，畢業於哈爾濱工業大學，也是中國第一個自創無壓鍋爐的科學家。一九九二年，張劍開始進軍中央空調行業，開發出中國第一台直燃機，並且在四年內創建遠大空調公司（屬於遠大科技集團）。

張劍非常低調，一般的企業家都願意接受媒體採訪與報導，但是他在十二年內一直拒絕媒體採訪，閉門進行研究，這讓很多媒體覺得他很神祕。

最近，遠大住工（屬於遠大科技集團）這家公司在閉關十二年之後，推出一個全新的產品，就是利用頂尖科技去建造產業化的住宅，並將其稱為Bhouse。張劍發現一個巨大的市場，就是中國農村每年大概會興建一千萬棟房子，遠大住工為此提供一個創業平台，要發展一千個住房建築領域的微商，成為Bhouse的代理商。

在中國政府提出發展建築工業化的趨勢下，遠大用十二年的時間，構建出一個完整的供應鏈服務體系，所以現在可以將一棟房透過現場澆築（註：指在土木建築工程中，把混凝土等材料灌注到模子裡製成預定形體）與全預製拼裝，把建築物所有的門、窗、樑、棟等，全都在工廠裡製造與生產之後，再拿到現場進行拼裝。

可能有人會質疑，這樣的建築物到底牢靠不牢靠？其實，住宅商品的建造有非常大的市場空間，並且在節水方面比傳統住宅提高五〇％，在節能方面能提高七〇％，在節材方面能提高二〇％，在節地方面能提高二〇％，而在節省時間方面更能提高七六％。更重要的是，這種作法不改變建築結構與現行設計規範，只改變生產方式。

現在，中國已經進行六十多個城市的合作布局，把供應鏈端（S端）的研究開發設計、工業生產、工程施工、裝備製造、營運服務等一系列的步驟，全部都變成S端的核心能力，而B端只需要負責訂單，為很多農村住宅提供一個高效、高品質，而且能化為收益的模式。

以前恐怕無法想像，住房建築產業領域怎麼可能採用S2B模式，讓更多人參與創業。然而，遠大住工已立定計畫，要在這個領域培植出一千個微商。

❖隨著電商的發展，社會將實現新的四化

隨著S2B理念的普及，以及上游供應鏈技術的升級，很多原本嚴重壟斷的行業開始慢慢開放其壁壘，讓更多的普通人能夠參與該行業的創新和發展，並且從中獲得收益。那麼，這當中的收益會有多大呢？

二〇一六年二月的資料顯示，在中國未來的十年中，裝配式建築將占新建建

築的三〇%，也就是說，在一百間的新建建築當中會有三十間裝配式建築。遠大住工已經占據這個產業鏈的上游，掌握了供應鏈的核心技術、能力及服務，而且在建立壁壘之後，接著往下俯衝，加上市場的發展空間非常巨大，因此成為了住房建築領域中Ｓ２Ｂ的巨頭。然而，大多數人很難想像，住房建築產業領域也已經啟動Ｓ２Ｂ模式，開始朝向社交化、社群化發展。

二〇一七年六月二十八日，在社交電商大會上，中國電子商務專家、清華大學蔡躍亭教授，提出一個「四化」的概念，並指出四化是對Ｓ２Ｂ進行高度概括和歸納。他認為，隨著互聯網和電商的發展，整個社會將實現新的四化：

第一，產品服務的高度個性化

小Ｂ服務Ｃ的時候，提供的是超級個性化的服務方式。

第二，是生產生活的高度分散化

將來的小B將會廣泛分散在全國各地，形成高度分散的狀態。

第三，企業規模的高度小型化

以前是大、中、小型企業或微型企業的天下，而未來將會是個人企業的天下，即一個人也可以變成一個非常好的企業。之所以能夠做到這一點，是因為供應鏈端與整個供應鏈體系都已足夠成熟，可以對個人企業進行充分的賦能。

第四，生產資料和工具的高度公共化

整個供應鏈體系、各個行業都將變成公共資產，而我們在使用這些資產的時候，可能只需要支付公共資產的服務費用即可。

如此一來，供應鏈平台的營運成本降低了，因為**越多的小B使用公共資源**，

會使得公共資源的成本變得越低。這與政府大力建設基礎設施相似，而基礎設施就是萬業的核心供應鏈，包括能源、通訊、交通等一系列的大串聯。在這樣的互聯互通時代，基礎設施基本上就是每一個人的大型供應鏈服務平台，而使用這個服務平台的人越多，這些基礎設施成本的分攤效果也就越明顯。

韓都衣舍v.s茵曼：各自以什麼方式，增強小B的能力？

二〇一六年「雙十一」時，茵曼服裝創辦人方建華指出，在未來五年，如果線上品牌再不線下化，終究會被淘汰，他願意拿出所有的流量來和商家合作。但是，韓都衣舍的趙迎光卻完全不以為然，他認為未來中國服飾相關業者的商機當中，有八〇%以上的市場比例仍在互聯網，只是被分成為上百個細項，但依然可以構建一個幾百億的市場，韓都衣舍將繼續致力經營線上平台。

為什麼對於同一個行業，兩個傑出企業家卻做出截然不同的判斷？

表面上，韓都衣舍與茵曼是模式之爭，但實際上是S2B的賦能之爭。茵曼的主要發展方向一直都在線上，但為什麼會提出必須往線下發展呢？

因為**互聯網的流量紅利時代已經結束，再加上服裝品牌需要更多的線下體驗，所以要將更多的流量透過線下轉到線上**。因此，方建華提出千城萬店計畫。茵曼在供應鏈和品牌管理的改革，帶動了整體的業績，二〇一六年的財務報告基本上仍然處於上升的態勢。

對於單一的互聯網品牌而言，服裝能做到十億元就已經是極限了，所以其中有幾個關鍵重點。

首先，電商連續四年成長速度下滑，二〇一二年算是服裝領域淘品牌的分水嶺（註：淘品牌是淘寶商城推出的互聯網電子商務的全新品牌概念，意指「淘寶商城和消費者共同推薦的網路原創品牌」），因為優衣庫（UNIQLO）、拉夏貝爾（La Chapelle）這些傳統的線下服裝品牌組團上線，分散了淘品牌的流量，導致流量成本進一步走高。

從二〇一二年開始，幾乎整個中國C端的流量成本變得越來越高。但與此相比，全國商業用地產卻是過剩發展，實體店家的租金反而下降。

❖茵曼強化線下，韓都衣舍用平台來賦能

茵曼選擇發展線下，透過招商將九年來在二、三線城市累積的六百萬鐵粉，轉化為小B，並且不收加盟費，來打通會員系統。無論是線下還是線上都價格統一，線上購買由線下來配送，線下仍然有五〇%的比例分紅。線上流量為線下加盟商進行導流，線下分散式的加盟業態又為線上提供分散式庫存和物流，並且能分享到線上訂單帶來的分成收益。

因此，茵曼的本質是透過線上導流至線下，透過原來的社群把C變成B，並且用O2O系統對線下小B進行賦能。

韓都衣舍則是純粹的線上平台，他們把線上分解成三百多個由營運、買家和客服組成的創客小組，買家負責選品，營運負責把選品做成商品，客服負責把商品賣出去，並且與用戶保持持續的互動。

韓都衣舍的供應鏈後台完全開放，對於製造、原料、生產，提供少量高頻率

的供應鏈服務，甚至連線上通路，全部都開放給買家小組。

因此，茵曼與韓都衣舍不管是發展線上還是線下，本質都在於他們對於小Ｂ的賦能方式不一樣。茵曼是透過線上和供應鏈來為線下提升能力，而韓都衣舍則是透過後端整個供應鏈平台，來賦能上百個細分定位的線上買家小組。兩者的本質都是Ｓ２Ｂ，只是提升小Ｂ能力的方法不一樣。

❖對小Ｂ賦能的方向一致，但作法不同

兩家企業做為供應鏈，對小Ｂ賦能的方向是一致的，都朝著Ｓ２Ｂ的方向轉型，但是差別在於兩者的方式完全不一樣。從韓都衣舍趙迎光與茵曼方建華的案例，可以看出一個企業由外到內的三個核心層次。

1. 商業模式

茵曼的商業模式過去一直是淘品牌，在淘寶上開一個店，無論規模大小，其本質都是靠著產品銷售和差價來獲利。

但是韓都衣舍的商業模式不一樣，他們構建一個供應鏈平台，將通路、供應鏈、原材料、人力行政及金融投資，變成一個展示空間。供應鏈平台上有三百多個買家小組，每個小組在平台上是一個獨立的作業單元，所以韓都衣舍的商業模式並不依賴於產品的差價來獲利，而是透過為小Ｂ賦能獲利。

小Ｂ可以透過平台下單，還可以透過平台提供的服務來優化產品行銷及客戶服務。韓都衣舍透過服務小Ｂ在其銷售業績中獲利，透過原料、資料服務、金融投資為小Ｂ提供互聯網金融從而獲利，是一種Ｓ２Ｂ的供應鏈服務與賦能小Ｂ的模式。因此，對於趙迎光而言，他的獲利模式更加豐富和立體；至少從獲利模式來看，方建華的茵曼就略遜一籌。

2. 團隊基因

團隊基因直接決定公司未來商業化的前景，韓都衣舍和茵曼顯然擁有兩種完全不一樣的團隊基因，茵曼大部分擁有的是傳統電商基因，更加注重研究開發、原料採購、生產製造、物流倉儲、訂單處理、通路建設，以及終端銷售，所以茵曼是一個服裝行業的電商基因。

韓都衣舍的團隊基因並不是電商基因，他們雖然透過幾百個小B在線上販賣幾十個、甚至上百個細分的服裝品類，但韓都衣舍仍屬於供應鏈基因，是服務小B的基因。因此，韓都衣舍的強大在於他們的供應鏈服務能力，以及從供應鏈的上游原料配件，到生產製造、資料服務到產品的研發能力，所以，其基因優勢反而在於服裝供應鏈的產業基因。

3. 資本化路徑的差異

資本是一個企業最後追逐成為公眾企業的最終走向，資本化路徑需要看企業是否能夠資本化，首先企業得先做到既賺錢又值錢，或是可以先不賺錢先值錢，這樣的資本化路徑直接決定企業的選擇，以及企業未來的戰略布局。

從茵曼和韓都衣舍的角度來看，茵曼做為電商，下一步的發展將會由輕走向重，由原來的Ｂ２Ｃ走向服務於線下許多商店的Ｓ２Ｂ模式。

茵曼的優勢在於線上適合操作單款爆品，而線下可以好好把握用戶的體驗性，個性化優勢把線上和線下結合起來，由以前只做零售關注交易變成為小Ｂ賦能，為線下的加盟商和代理商提供服務，是輕重結合、交易和營運的結合。

韓都衣舍的資本化路徑，主要是把所有重資產全部都放在Ｓ端，而茵曼則是把重資產放到了Ｂ端，兩者的商業路徑選擇完全不一樣，也導致其資本化路徑不同。

茵曼在執行千城萬店之後，他們的重資產將會往下游轉移。韓都衣舍的重資產始終在Ｓ端。因此，兩家企業都轉向了Ｓ２Ｂ，但是對於服裝行業的未來，他們卻給出了截然不同的答案。

不管是輕資產還是重資產，最後在資本化過程當中，都將會是一個非常重要的考量標準。如果重資產放在線下，那麼在資本化過程中，成本與難度都可能變大。如果整個重資產擺在供應鏈端，那麼輕資產放在下游，採取互聯網線上的操作方式，資本化的估值與路徑也會不一樣。因此，**一看模式，二看基因，三看資本，這是關於電商平台的一個基本視角。**

重點整理 04

■ 要想發展農村，首先要培育農村，日常消費成為資訊技術賦能農村的最佳切入點。農產品面臨一些嚴重挑戰，但是機會也很大。

■ 新的供需平衡模式S2B，可以掃除農產品銷往城市的發展障礙，建立更有效的農產品供應鏈服務體系。

■ 隨著S2B理念的普及，以及上游供應鏈技術的升級，很多原本嚴重壟斷的行業開始慢慢開放其壁壘，讓更多的普通人能夠參與該行業的創新和發展，並從中獲得收益。

■ 行動網路的流量紅利時代已經結束，再加上服裝品牌需要更多的線下體驗，所以需要更多的流量透過線下轉到線上。

NOTE

NOTE

NOTE

NOTE

NOTE

國家圖書館出版品預行編目（CIP）資料

不捕魚了，我們養牛：從魚塘到牧場，整個世界的零售模式正在改變！／
尹佳晨、關東華、鄭彤編著
--初版. --新北市：大樂文化，2019.08
面；公分 . --（Biz；071）

ISBN 978-957-8710-36-8（平裝）
1. 零售業　2. 產業分析

498.2　　108013449

Biz 071

不捕魚了，我們養牛

從魚塘到牧場，整個世界的零售模式正在改變！

編 著 者／尹佳晨、關東華、鄭彤
封面設計／蕭壽佳
內頁排版／思思
主編／皮海屏
發行專員／劉怡安、王薇捷
會計經理／陳碧蘭
發行經理／高世權、呂和儒
總編輯、總經理／蔡連壽

出 版 者／大樂文化有限公司
地址：新北市板橋區文化路一段 268 號 18 樓之 1
電話：（02）2258-3656
傳真：（02）2258-3660
詢問購書相關資訊請洽：2258-3656
郵政劃撥帳號／ 50211045 戶名／大樂文化有限公司

香港發行／豐達出版發行有限公司
地址：香港柴灣永泰道 70 號柴灣工業城 2 期 1805 室
電話：852-2172 6513 傳真：852-2172 4355

法律顧問／第一國際法律事務所余淑杏律師
印刷／韋懋實業有限公司

出版日期／ 2019 年 8 月 29 日
定價／ 280 元（缺頁或損毀的書，請寄回更換）
I S B N　978-957-8710-36-8

大樂文化

大樂文化